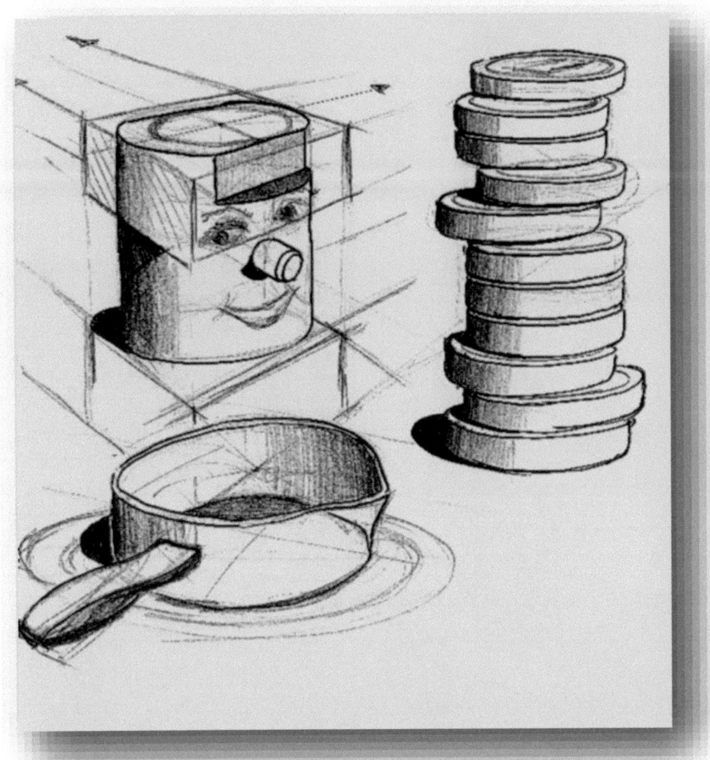

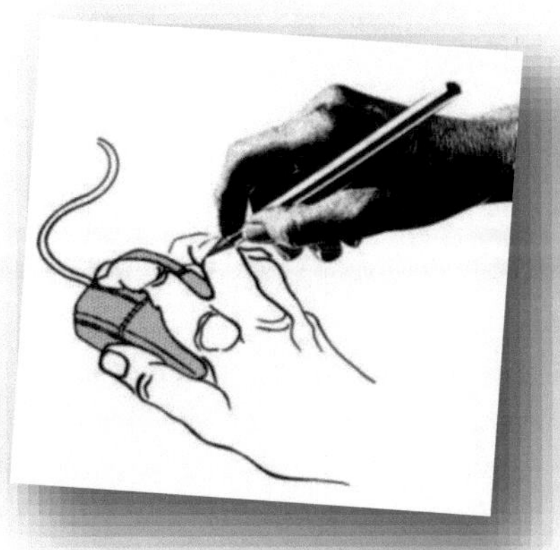

TECHNIK SKIZZIEREN
BAND 2, ANWENDUNGEN

FÜR INGENIEURE, DESIGNER, ARCHITEKTEN, PLANER, GESTALTER UND KÜNSTLER.
PERSPEKTIVISCH RICHTIG UND GARANTIERT EINFACH ZU LERNEN.

INGO KLÖCKER

Bibliographische Information der Deutschen Nationalbibliothek:
Die Deutsche Nationalbibliothek verzeichnet diese Publikation in der Deutschen Nationalbibliographie; detaillierte bibliographische Daten sind im Internet über http://dnb.dnb.de abrufbar.

TWENTYSIX – Der Self-Publishing-Verlag
Eine Kooperation zwischen der Verlagsgruppe Random House und BoD – Books on Demand

Herstellung und Verlag: BoD – Books on Demand, Norderstedt

ISBN: 978-3-7407-4848-7

Der Entwurf des Titels, das Layout, die Aufmachung und alle Abbildungen, die keinen Herkunftsnachweis vermerkt haben, sind von Ingo Klöcker.

TECHNIK SKIZZIEREN
BAND 2, ANWENDUNGEN

FÜR INGENIEURE, DESIGNER, ARCHITEKTEN, PLANER, GESTALTER UND KÜNSTLER.
PERSPEKTIVISCH RICHTIG UND GARANTIERT EINFACH ZU LERNEN.

INGO KLÖCKER

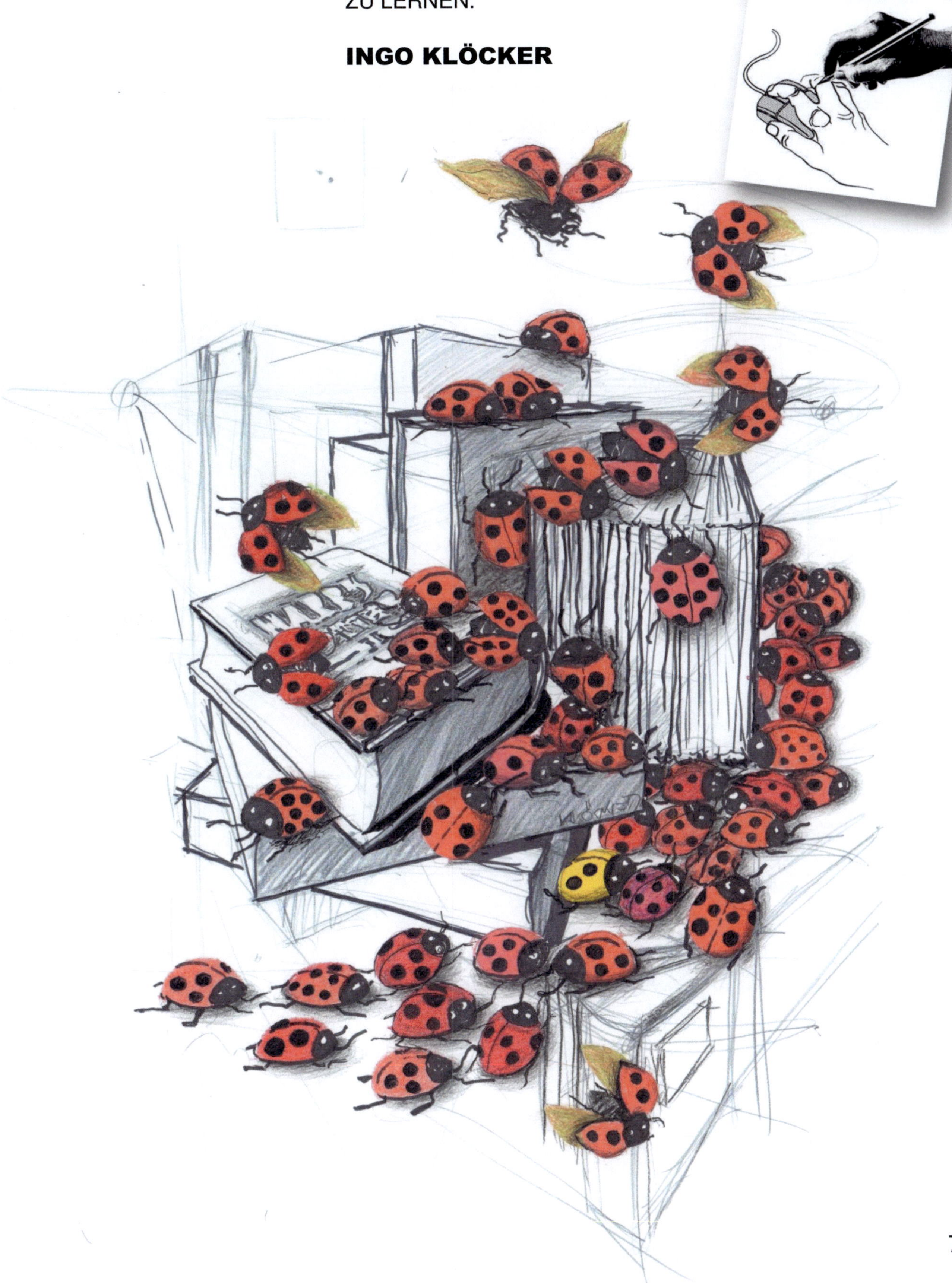

INHALT

GES.: 168 SEITEN, 18 FARBIG

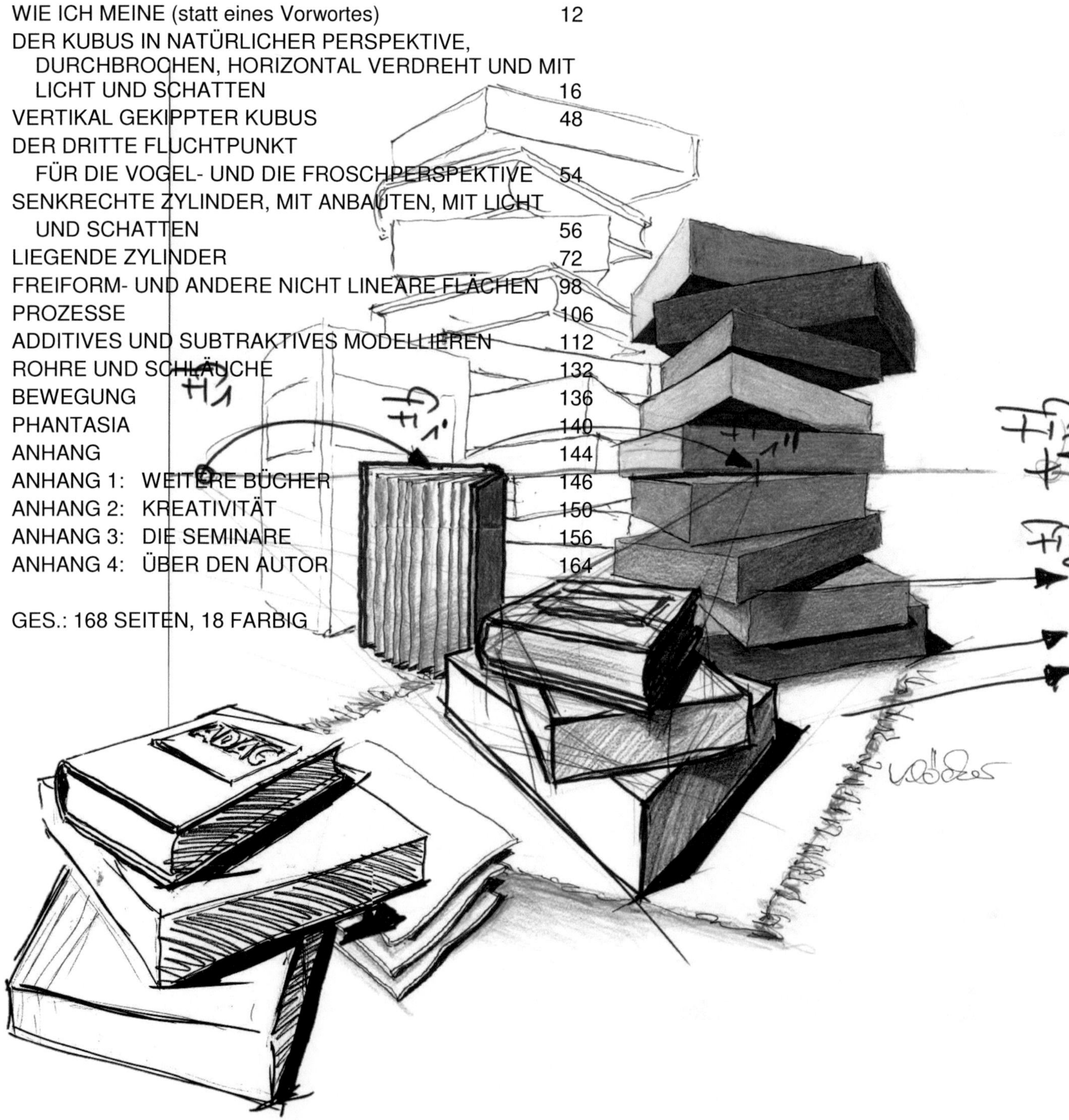

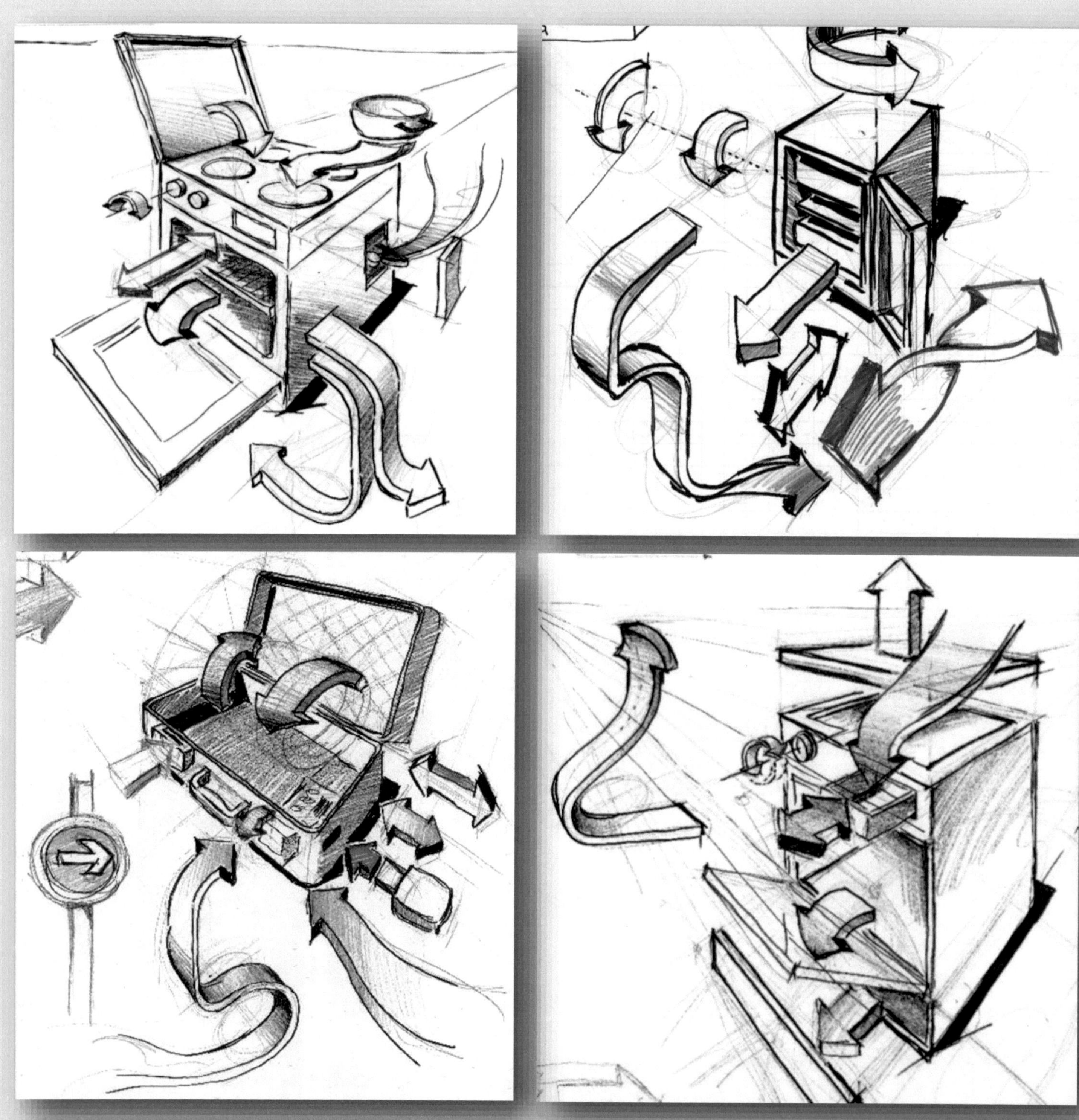

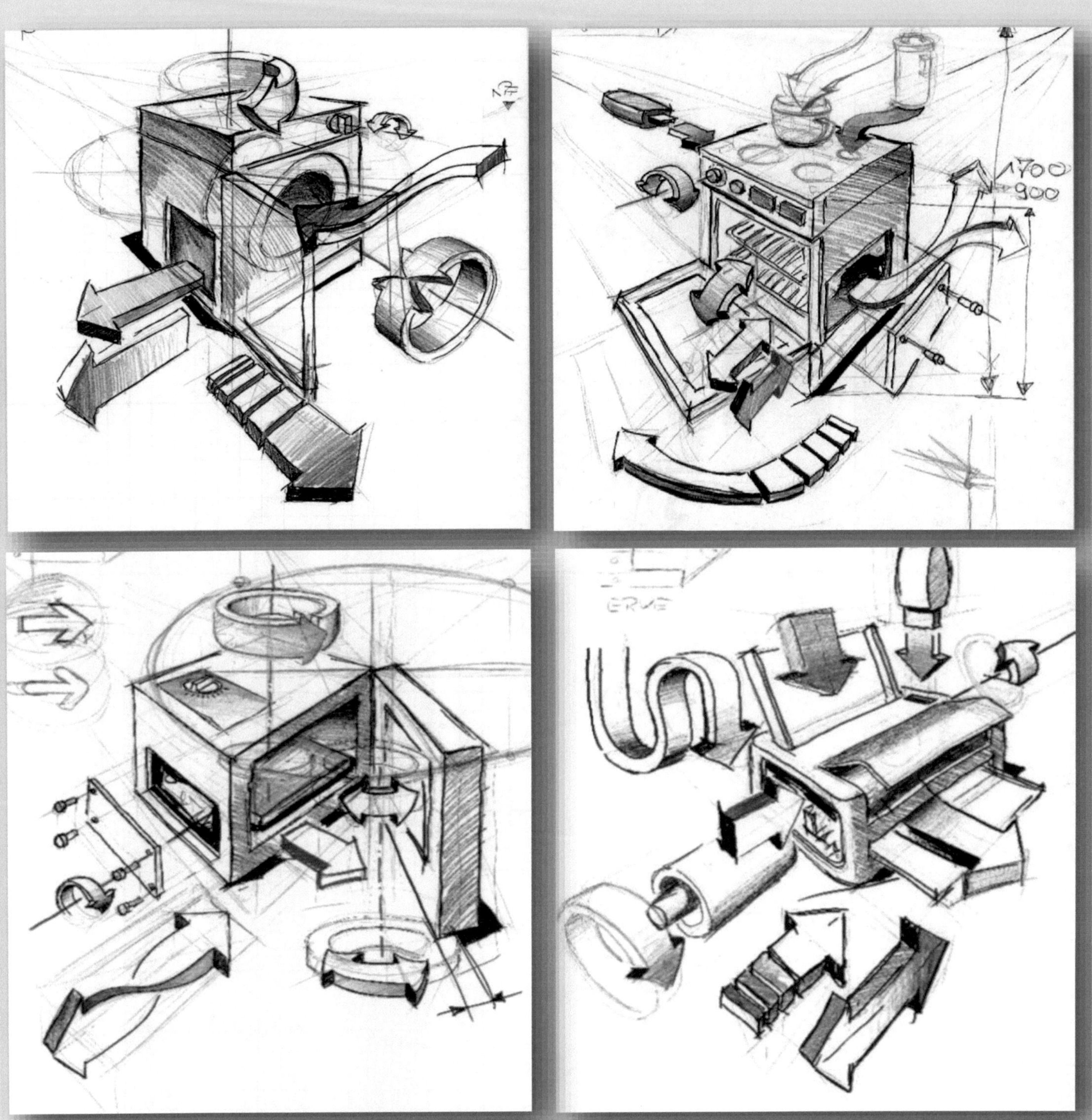

WIE ICH MEINE
(statt eines Vorwortes)

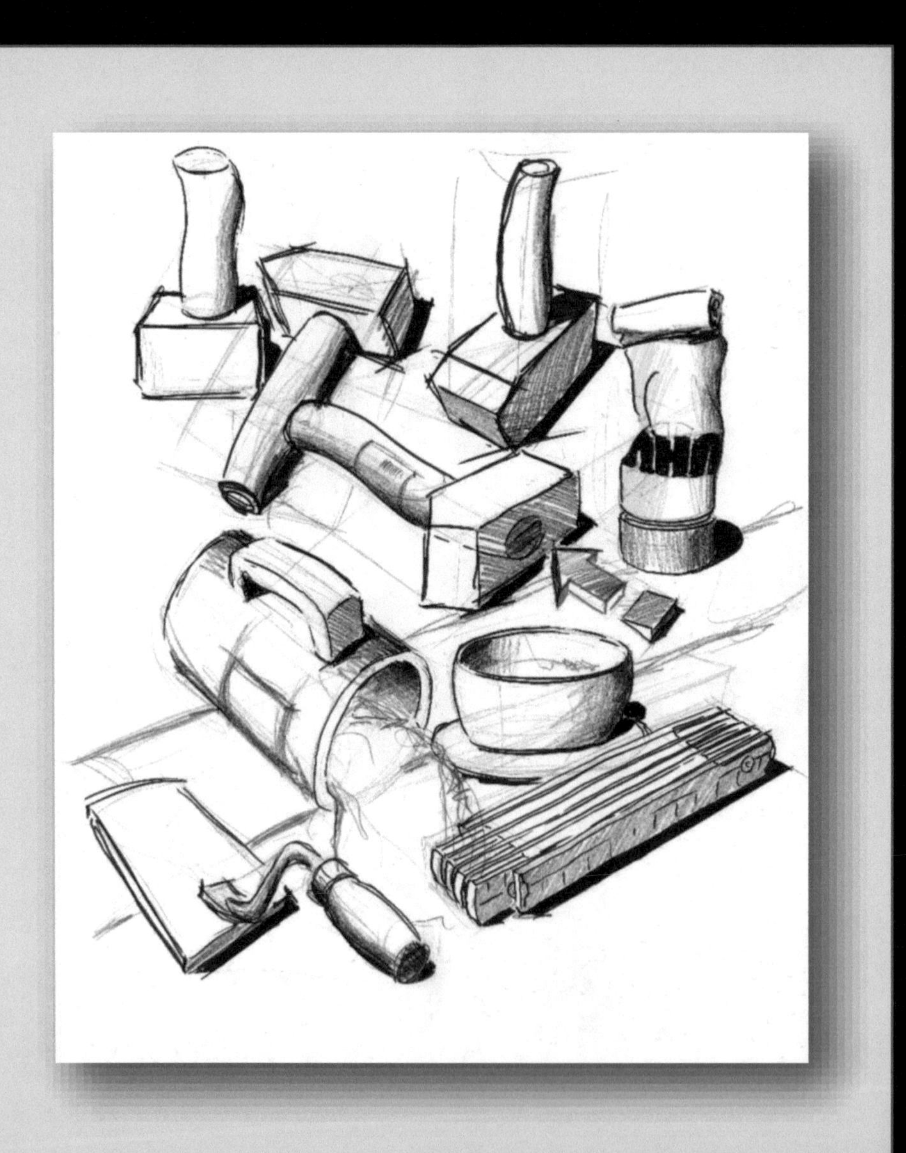

„Wir quälen uns nicht mit den Regeln und Konstruktionen der Perspektive, sondern entwickeln einen Blick für die Dinge, die uns umgeben ..-.. und zeichnen sie dann.“ Dieses Zitat ist dem Prospekt einer Zeichenschule entnommen. Ich vermute, dass der Autor die „Schule des Sehens“ von Oskar Kokoschka im Sinn hatte, die jener 1953 auf der Festung Hohensalzburg gegründet hatte. Kokoschka wollte den Konflikt lösen, der durch den Zwiespalt von unserem Wissen über die Dinge, das in unserer Großhirnrinde gespeichert ist, und unser Sehen derselben, das vom Kleinhirn gesteuert wird, entsteht. Dabei dominiert das Wissen – und zwar bei fast jedem von uns. Da wir wissen, dass zum Beispiel ein Würfel aus Quadraten und rechten Winkeln besteht, beginnen wir mit der Zeichnung eines Quadrates. Wir haben dabei „übersehen, vergessen oder ignoriert“, sehr wahrscheinlich aber „übersehen = nicht gesehen“, dass wir beim Betrachten eines Würfels eines seiner sechs Quadrate nur in einer einzigen und sehr speziellen Betrachtungssituation sehen können. Im Normalfall sehen wir Rauten.

Diesen Konflikt wollte Kokoschka mit der „Schule des Sehens“ lösen. Man müsse versuchen, das Wissen zu verdrängen und dem uneingeschränkten Blick den Vorrang einzuräumen. Das erfordere Zeit, Geduld und sehr viel Übung.

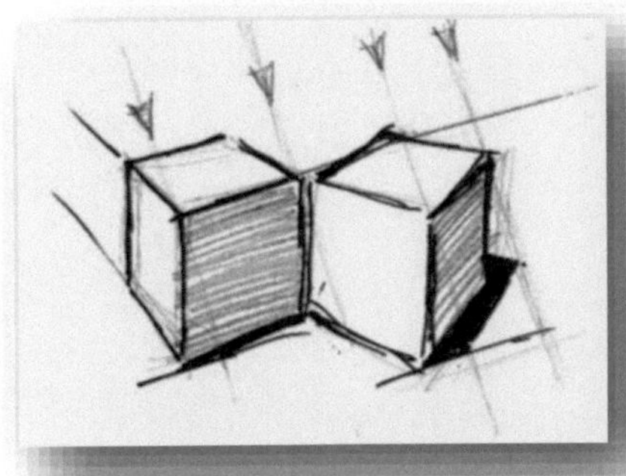

Man kann den Konflikt auch mit dessen eigenen Mitteln überwinden und das Wissen um die Dinge mit dem Wissen um deren perspektivische Darstellung ergänzen. Wenn ich weiß, dass ein perspektivisch richtig dargestellter Würfel aus Rauten oder rautenähnlichen Gebilden zusammengesetzt ist und ich auch noch deren Lage und deren Einzelheiten kenne, ist ihre zeichnerische Darstellung einfach gemacht und schnell aufs Papier gebracht.

Den zweiten Weg gehe ich in meinen Seminaren „Skizzieren und Freihandzeichnen“ (siehe auch: Anhang). Bei der Vermittlung des Wissens um die perspektivischen Zusammenhänge entstehen viele Zeichnungen. Mit ihnen werden im ersten Schritt die Grundlagen erarbeitet. Im Anschluss daran folgen die spezifischen Belange, Wünsche und Probleme der Teilnehmer. Auf diese Art und Weise entstehen, für die Grundlagen teilweise immer gleiche, für die anschließende Umsetzung und Anwendung aber immer wieder neue, andere und sehr interessante Blätter. Da mein Hilfsmittel das Flip-Chart ist, haben alle Blätter dieselbe Größe von etwa 70 x 90 cm - ohne dass ich mich einer, wie auch immer gearteten, (vielleicht philosophisch begründeten?), auf jeden Fall klassischen Standardisierung unterziehen müsste.

Die Grundlagen zu den Seminaren sind modular aufgebaut. In der vorliegenden Beispielsammlung folgt die Gliederung zwar nicht konsequent, aber doch im Wesentlichen, dieser Modularisierung.

Bei der Entstehung der Skizzen werden immer wieder ähnliche Fragen gestellt – allen voran die nach der Kategorie, in die die Skizzen einzuordnen sind, zum Beispiel: ist das Kunst? Sind die Skizzen oder Zeichnungen, die so entstehen, künstlerische Arbeiten oder, wenn das nicht der Fall ist, die Zweifel werden meist sofort nachgeschoben, was ist es dann?

Da für manche Teilnehmer das Skizzieren ein handwerklich mühsames Unterfangen ist, müsste man zur Erleichterung, so die Hypothese, zusätzlich so etwas wie eine künstlerische Veranlagung. Oder würde vielleicht auch schon ein bisschen handwerkliches Geschick genügen? Und außerdem: Wie verhält es sich mit der Vorstellung, ein räumlichen Gebildes auf einem flächigen Bildträger, zum Beispiel auf Papier, abbilden zu wollen? Bevor ich etwas skizzieren kann muss zumindest der Anfang dazu in meinem Kopf schon gedacht, schon vorgestellt, als Bildentwurf schon da sein. Wer kann das? Ist diese räumliche Vorstellung jedermanns / jederfrau Sache? Und schlussendlich: Wie steht es um die Motivation? Was bewegt mich, was treibt mich an, ein dreidimensionales Gebilde zweidimensional so darstellen zu wollen, dass die Illusion der Räumlichkeit entsteht? Wieso sollte ich das wollen?

Solche Fragen sind einfach zu beantworten. Die Menschheit konnte sehr lange Zeit vor der Erfindung der Buchstaben bereits zeichnen und skizzieren. Die Höhlenzeichnungen sind teilweise bis zu 35000 Jahre, die ältesten Schriften gerade mal etwa 4000 Jahre alt. Da unser Denken in Bildern stattfindet, liegt der Grund für diese Zeitverschiebung nahe. Wir haben so gezeichnet / informiert wie wir denken: in Bildern. Und da jeder Mensch die Entwicklung unserer Spezies im Zeitraffer wiederholt, konnten wir, in Person unserer Vorfahren, alle zunächst malen und zeichnen. Das Schreiben kam erst später in der Schule dazu. Die Anlage für das Zeichnen ist somit bei jedem von uns vorhanden – nur leider mehr oder weniger verschüttet. Unser Glück ist, dass die Anlage so fest einprogrammiert ist, dass sie sich aus dem Schutt relativ leicht ausgraben und wieder aktivieren lässt.

Beim räumlichen Vorstellungsvermögen gibt es allerdings Unterschiede. Hier müssen wir differenzieren. Der größere Teil von uns, man schätzt ihn auf bis zu 80%, hat nur ein marginal ausgeprägtes räumliches Vorstellungsvermögen. Die kleine Minderheit der damit Begünstigten findet man hauptsächlich in technischen Berufen und unter den Chirurgen. Um skizzieren zu können, ist das räumliche Vorstellungsvermögen ein hilfreiches Element.

Wenn man die Komplexität des Lernvorganges „Skizzieren" genauer betrachtet, kann man feststellen, dass sie relativ gering und anspruchslos ist. Sie ist geringer als zum Beispiel das Lernen, Auto zu fahren. Das bedeutet, dass jeder, der sich einen Führerschein erarbeiten konnte, also ein Auto fahren kann, leicht und schnell auch zeichnen und skizzieren lernen kann. Es gibt kaum Gründe, die dagegen stehen. Die einzige Ausnahme liegt in der Motivation. Wenn jemand nicht will, ist mit Argumenten nichts zu machen – oder wie Antoine de Saint Exupery gesagt hat: Man kann ein Pferd an der Tränke nicht zum Saufen zwingen.

Die so in den Seminaren entstandenen Skizzen haben, unabhängig der Frage, ob es sich um Kunstwerke oder „nur" um handwerklich erstellte Informationen handelt, einen großen Verblüffungseffekt. Sie fallen auf, die Anschaulichkeit der dargestellten Objekte ist groß und sie bedienen unseren ungestillten Hunger nach Bildern. Über zwei Drittel aller Informationen, die wir Menschen zum Leben benötigen, erreichen uns über die Augen. Die Augen brauchen, lechzen nachgerade nach Futter. Also sollten wir es ihnen liefern. Skizzieren wir die zu vermittelnden Zusammenhänge: say what you see – and show what you say, wie es die Amerikaner auszudrücken pflegen.

Und schließlich ist noch der kreative Aspekt zu nennen. Der Begriff Kreativität geht auf das griechische creare = schöpfen im Sinne von abschöpfen zurück. Abschöpfen = Kreativität ist somit ein Tätigkeit. Abgeschöpft wird die augenblickliche Denke, das was gerade „oben“ ist, wird aus dem Gehirn heraus geholt und damit der Platz für die nächste Idee, die man dann erneut abschöpften kann, frei gemacht. Wenn man nichts abschöpft und auch sonst nichts tut, entsteht auch keine neue Idee. Abschöpfen kann man durch sprechen, schreiben, singen, basteln und eben skizzieren. Letzteres hat den Vorteil, dass es die schnellste Äbschöpfmethode ist. Skizzieren ist somit gleichzeitig die schnellste und effektivste aller bekannten Kreativitätstechniken. Sie wird auch Hydra-Technik genannt. Siehe hierzu weitere Einzelheiten im Anhang.

Die selten angewandte Kommunikationstechnik des Skizzierens und die darauf aufbauende, noch seltener praktizierte Kreativitätstechnik, ebenfalls des Skizzierens, sind und von jedermann / jederfrau leicht zu lernen. Das zu zeigen ist eine der Absichten dieses Buches.

Schlussendlich noch der Tipp: Skizzieren und kreativ zu sein macht nicht nur viel Freude, man kann damit viel mehr sagen, zeigen und vermitteln als mit Worten. Schon Leonardo da Vinci wusste vor mehr als fünfhundert Jahren: „Ein Bild sagt mehr als 1000 Worte“. Und wenn Leonardos Skizzen heute als Kunstwerke bezeichnet werden, besteht die Möglichkeit, dass vielleicht auch Skizzen von anderen Leuten dieser Kategorie zugeordnet werden können.

Ingo Klöcker

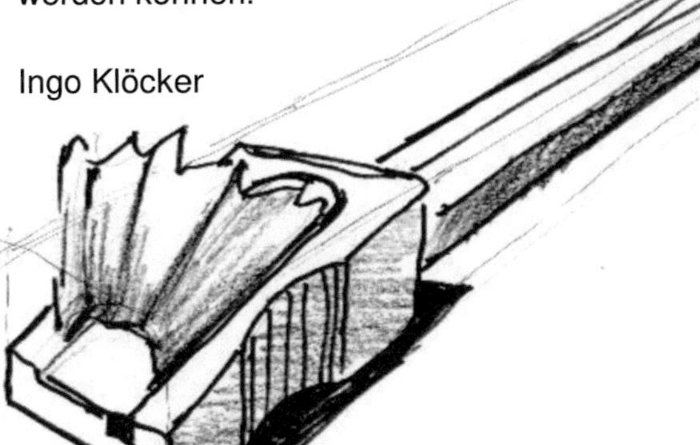

Anmerkung: Die nachfolgend gezeigten Beispiele sind nicht immer eindeutig den Moduln zugeordnet. In der Regel sind es Mischungen, sind Elemente von verschiedenen Moduln in einer Darstellung zusammen gefasst. Das geschieht durch den didaktischen Vorgang – der in dieser Hinsicht den normalen Entwurfsprozess nachbildet.

DER KUBUS

- IN NATÜRLICHER PERSPEKTIVE,
- DURCHBROCHEN,
- HORIZONTAL VERDREHT UND
- MIT LICHT UND SCHATTEN.

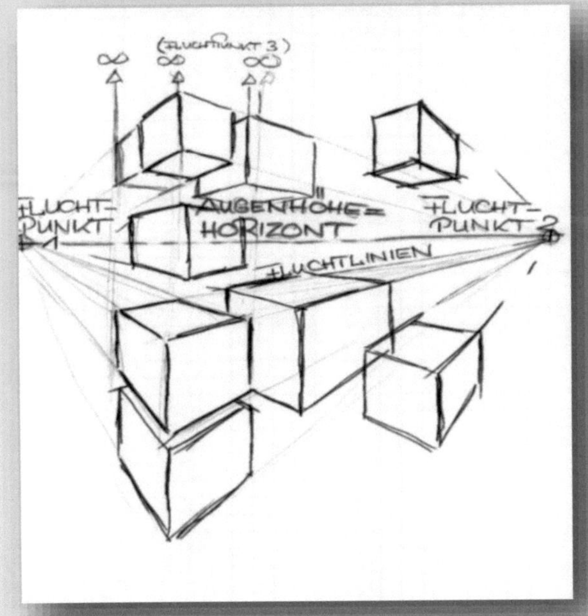
(FLUCHTPUNKT 3)
FLUCHT-PUNKT 1
AUGENHÖHE= HORIZONT
FLUCHT-PUNKT 2
FLUCHTLINIEN

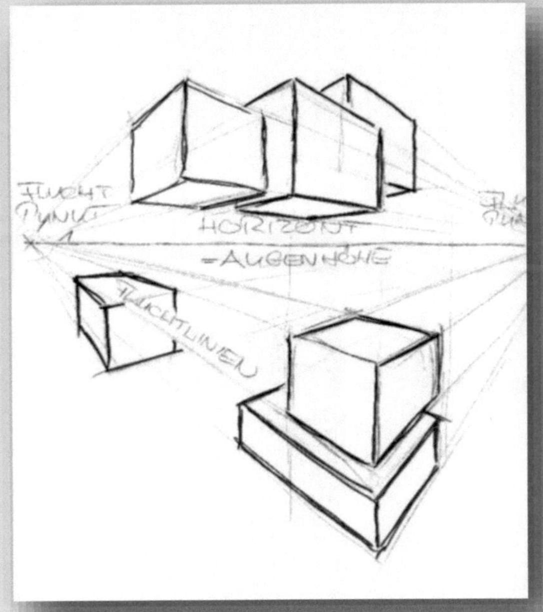
FLUCHT PUNKT
HORIZONT =AUGENHÖHE
FLUCHTLINIEN

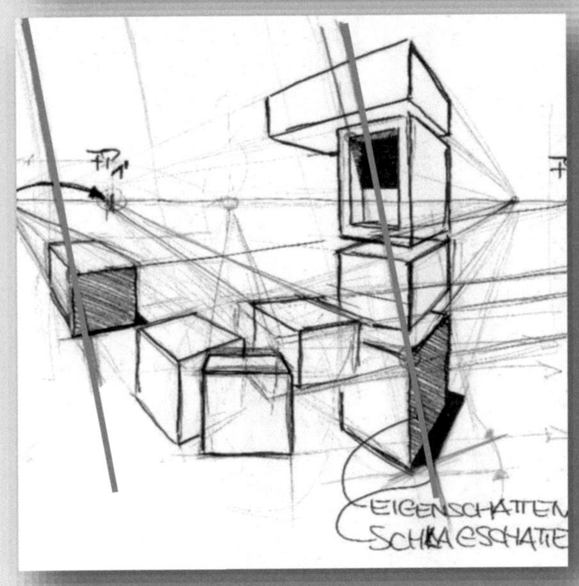
EIGENSCHATTEN

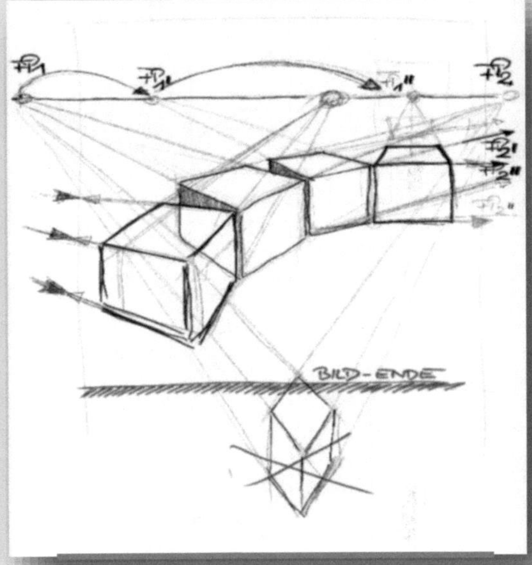
BILD-ENDE

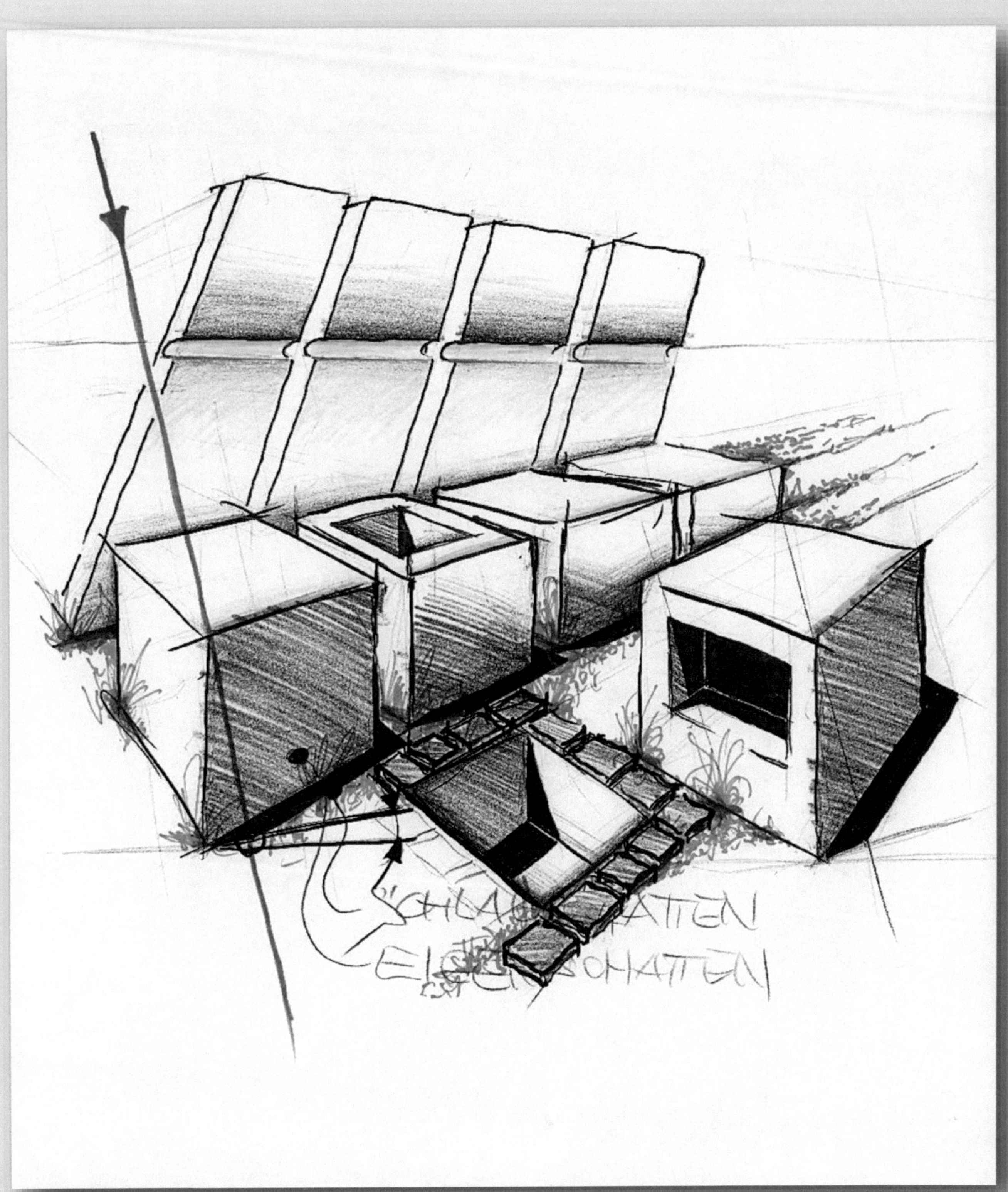

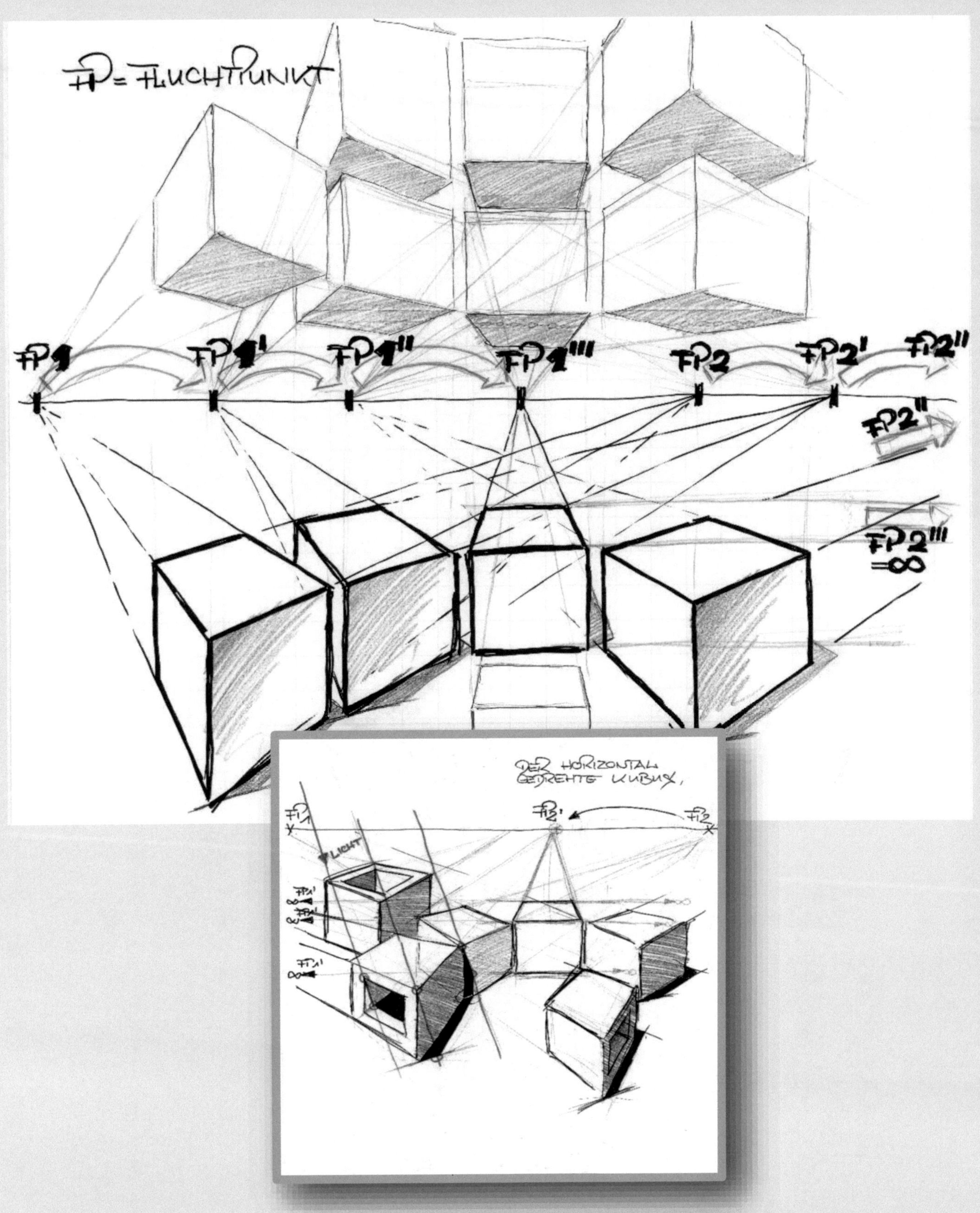
FP = FLUCHTPUNKT
FP1
FP1'
FP1''
FP1'''
FP2
FP2'
FP2''
FP2''
FP2'''
=∞
DER HORIZONTAL GEDREHTE KUBUS,
LICHT

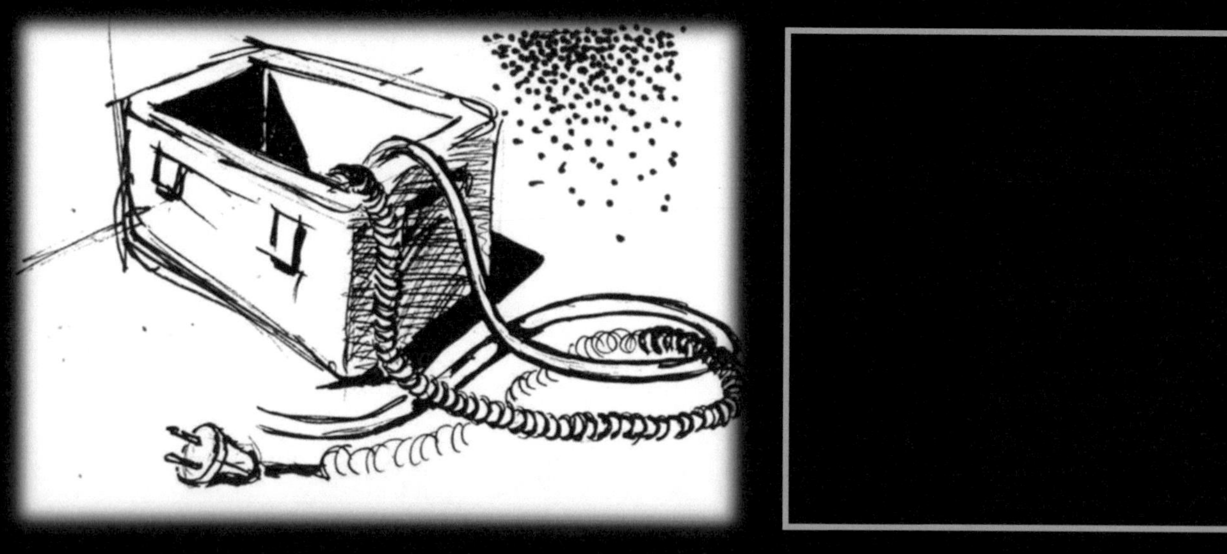

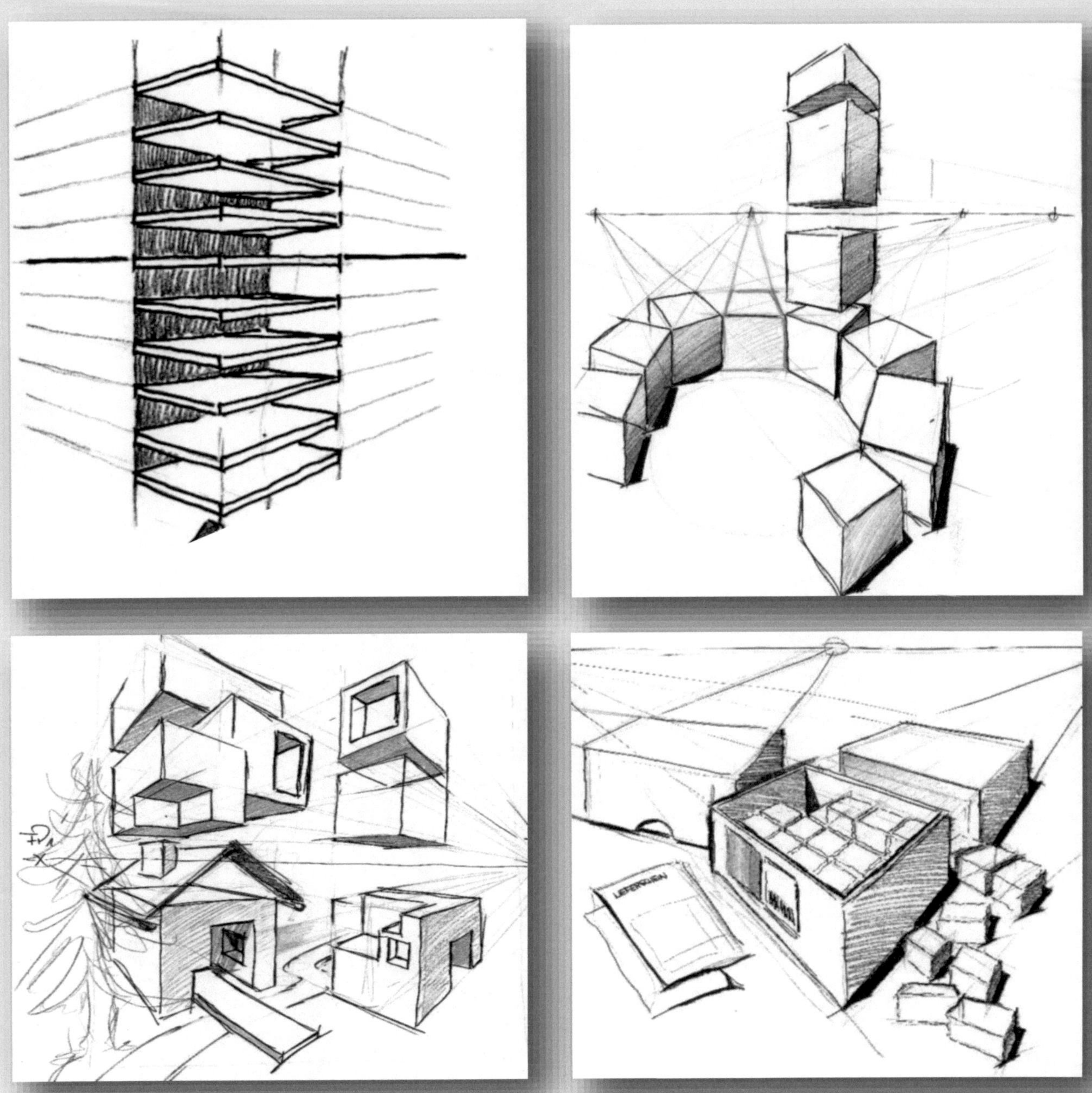

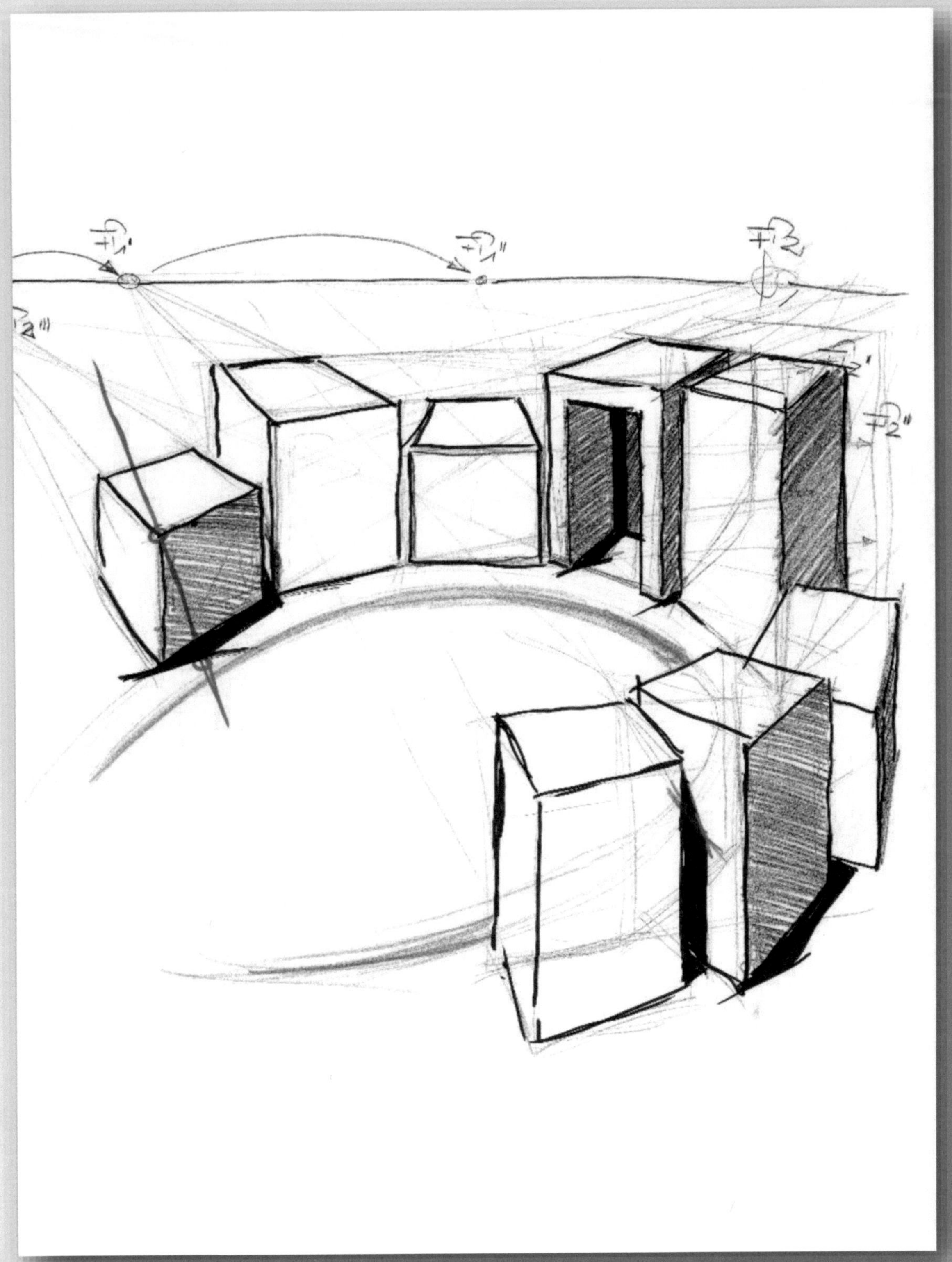
F1'
F1''
F2
F2'
F2''

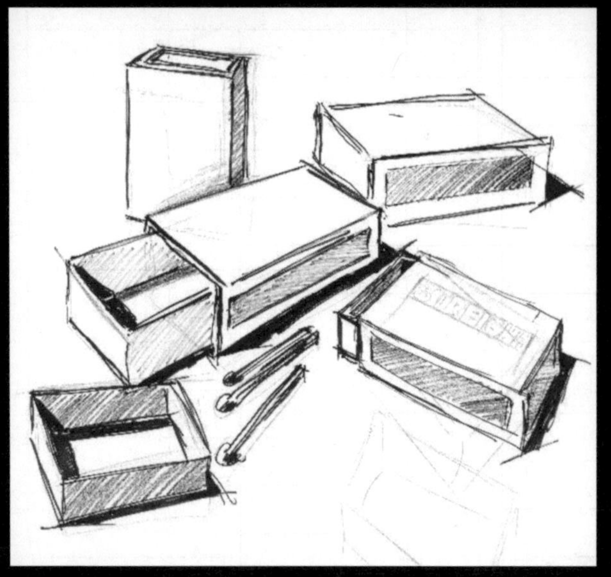

ZÜND
HÖLZ
LIEBHERR
SCHLAGSCHATTEN
EIGENSCHATTEN

ZÜND

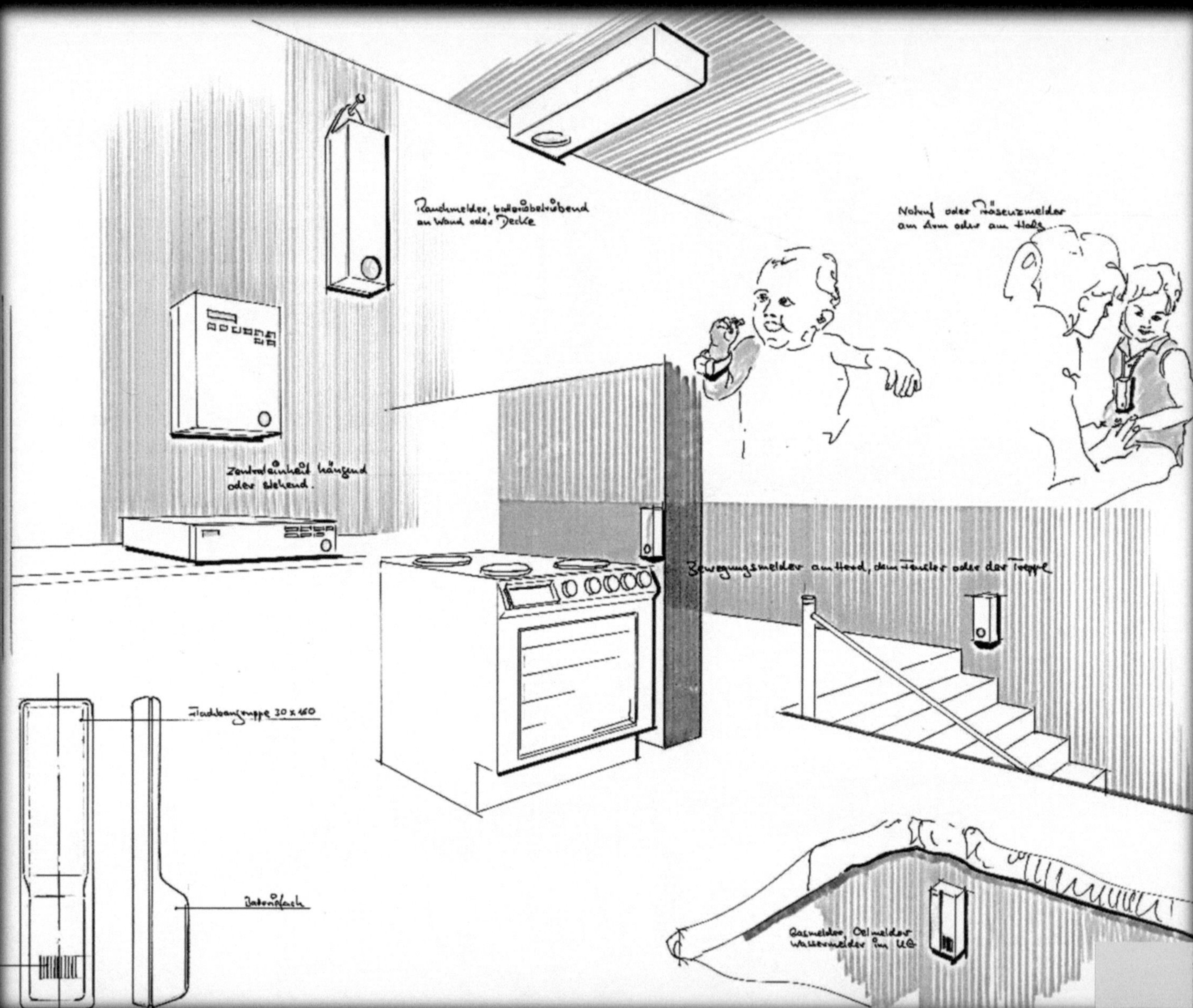
Rauchmelder, batteriebetrieben
an Wand oder Decke
Notruf oder Präsenzmelder
am Arm oder am Hals
Zentraleinheit hängend
oder stehend.
Bewegungsmelder am Herd, dem Fenster oder der Treppe
Flachbaugruppe 30 x 160
Batteriefach
Gasmelder, Oelmelder
Wassermelder im UG

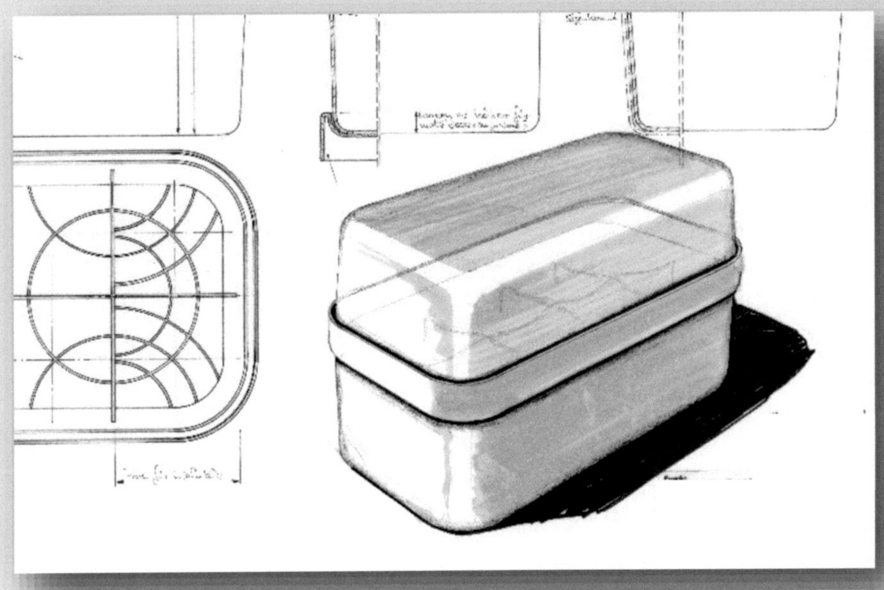

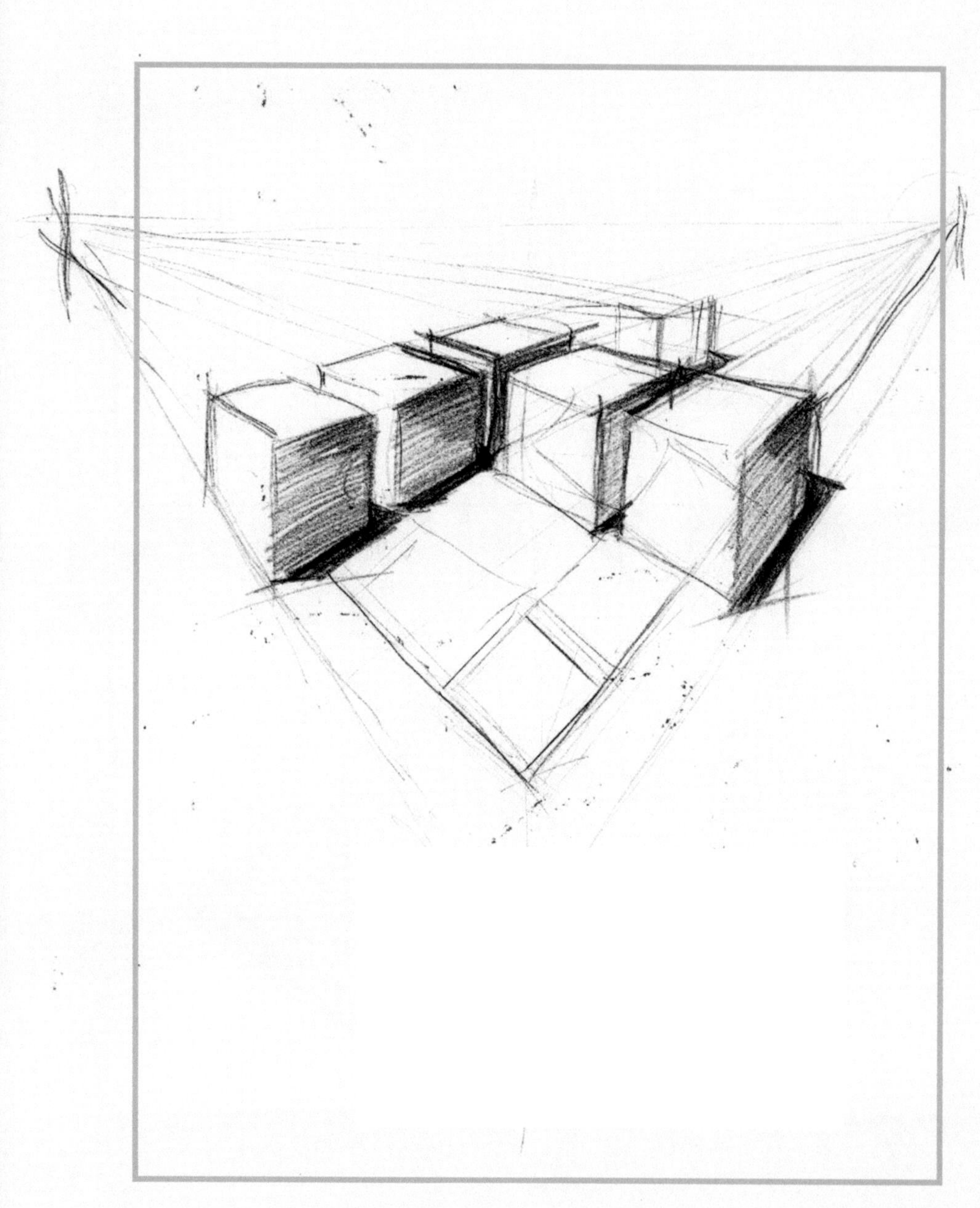

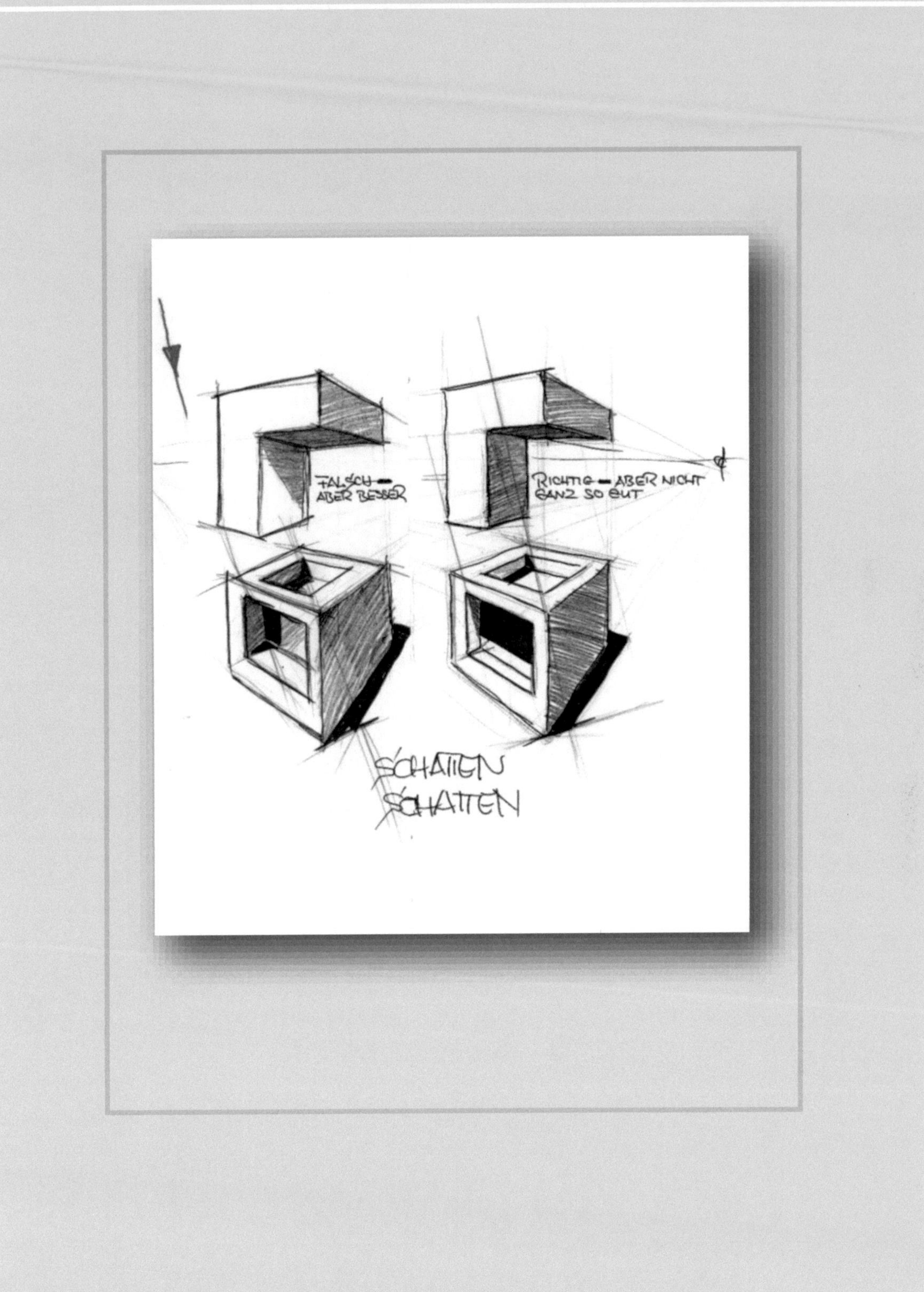
FALSCH –
ABER BESSER
RICHTIG – ABER NICHT
GANZ SO GUT
SCHATTEN
SCHATTEN

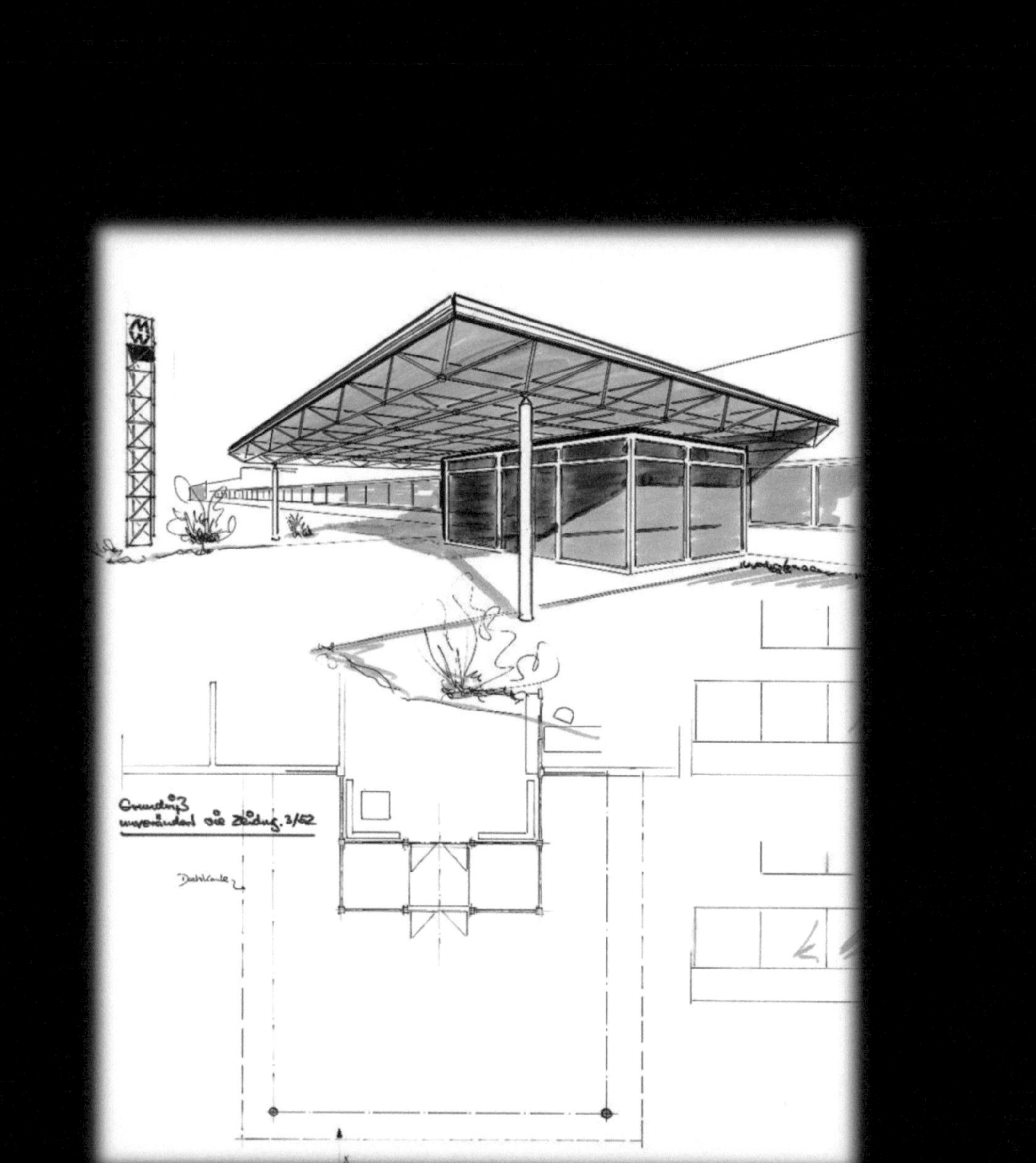
Grundriß
unverändert wie Zeichng. 3/52
Dachkante

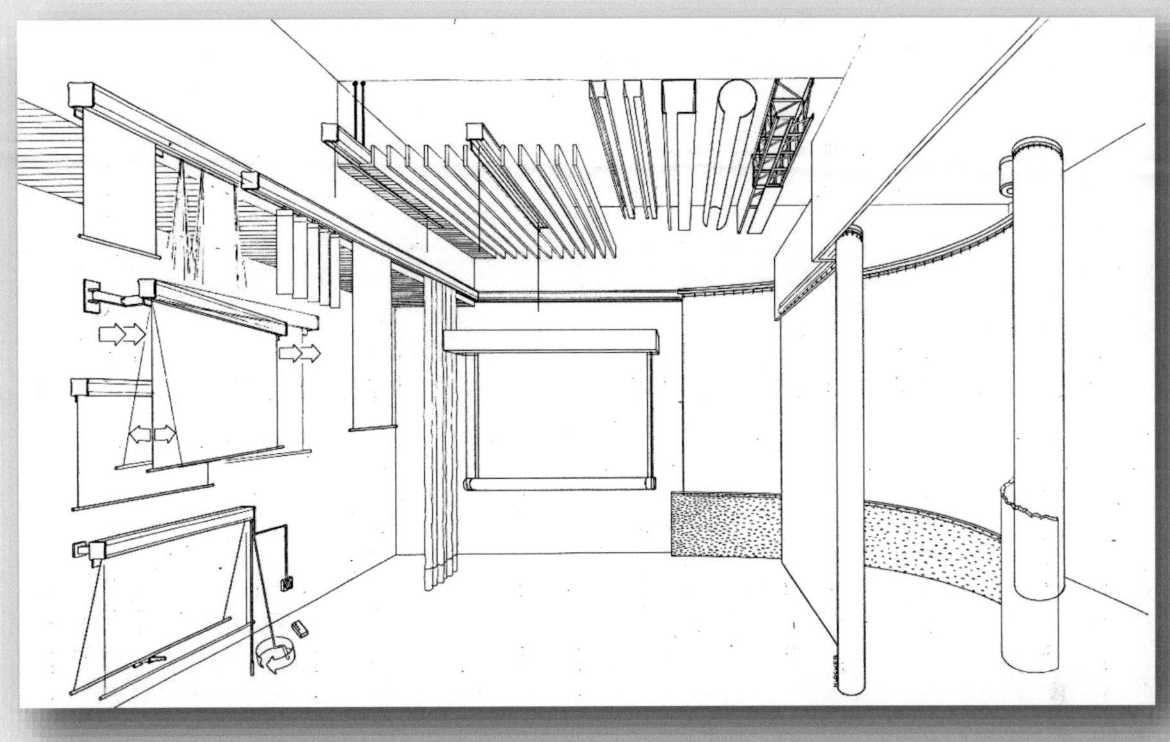

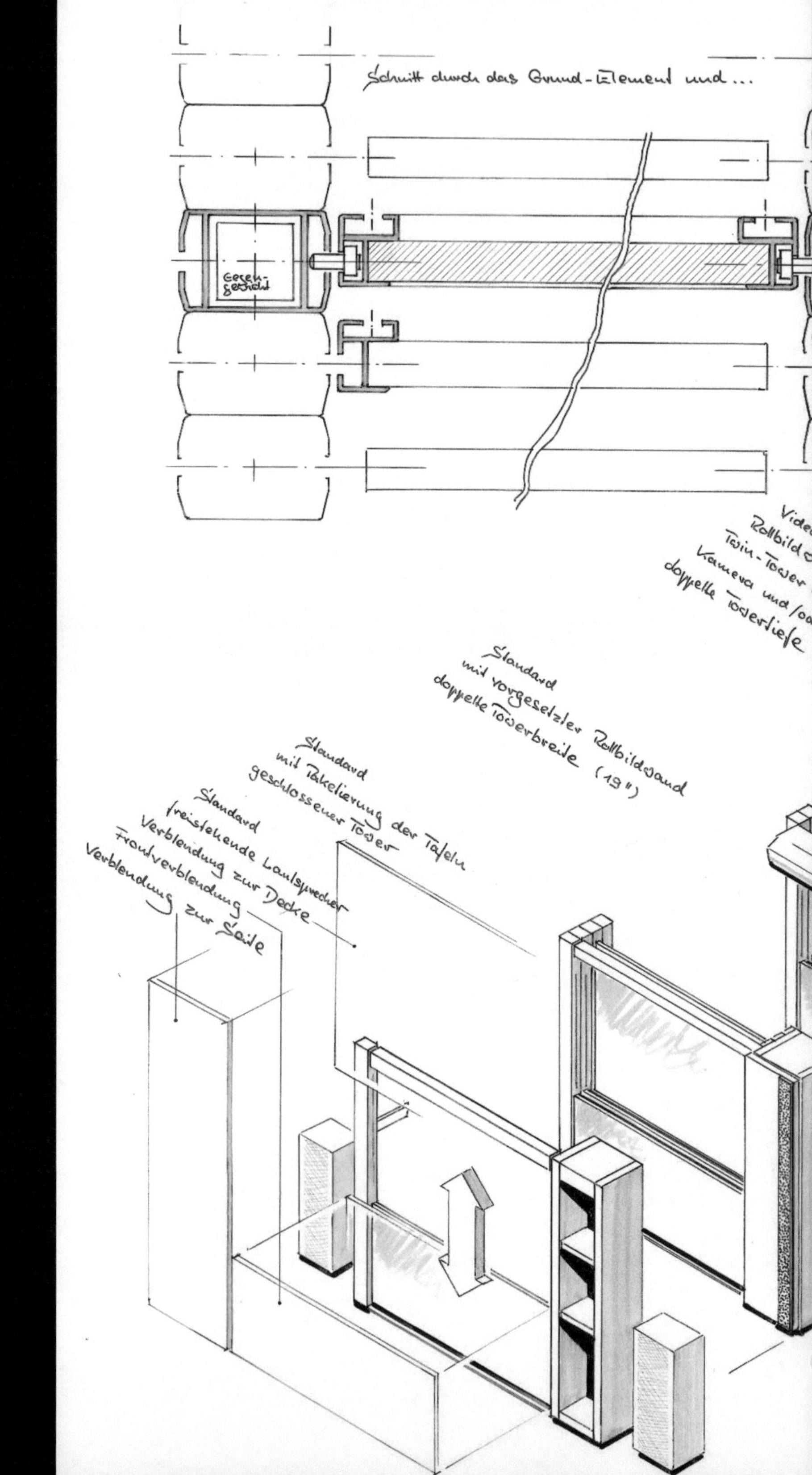
Schnitt durch das Grund-Element und ...
Gegen-gewicht
doppelte Towertiefe
Standard
mit vorgesetzter Rollbildwand
doppelte Towerbreite (19")
Standard
mit Takelierung der Tafeln
geschlossener Tower
Standard
freistehende Lautsprecher
Verblendung zur Decke
Frontverblendung
Verblendung zur Seite

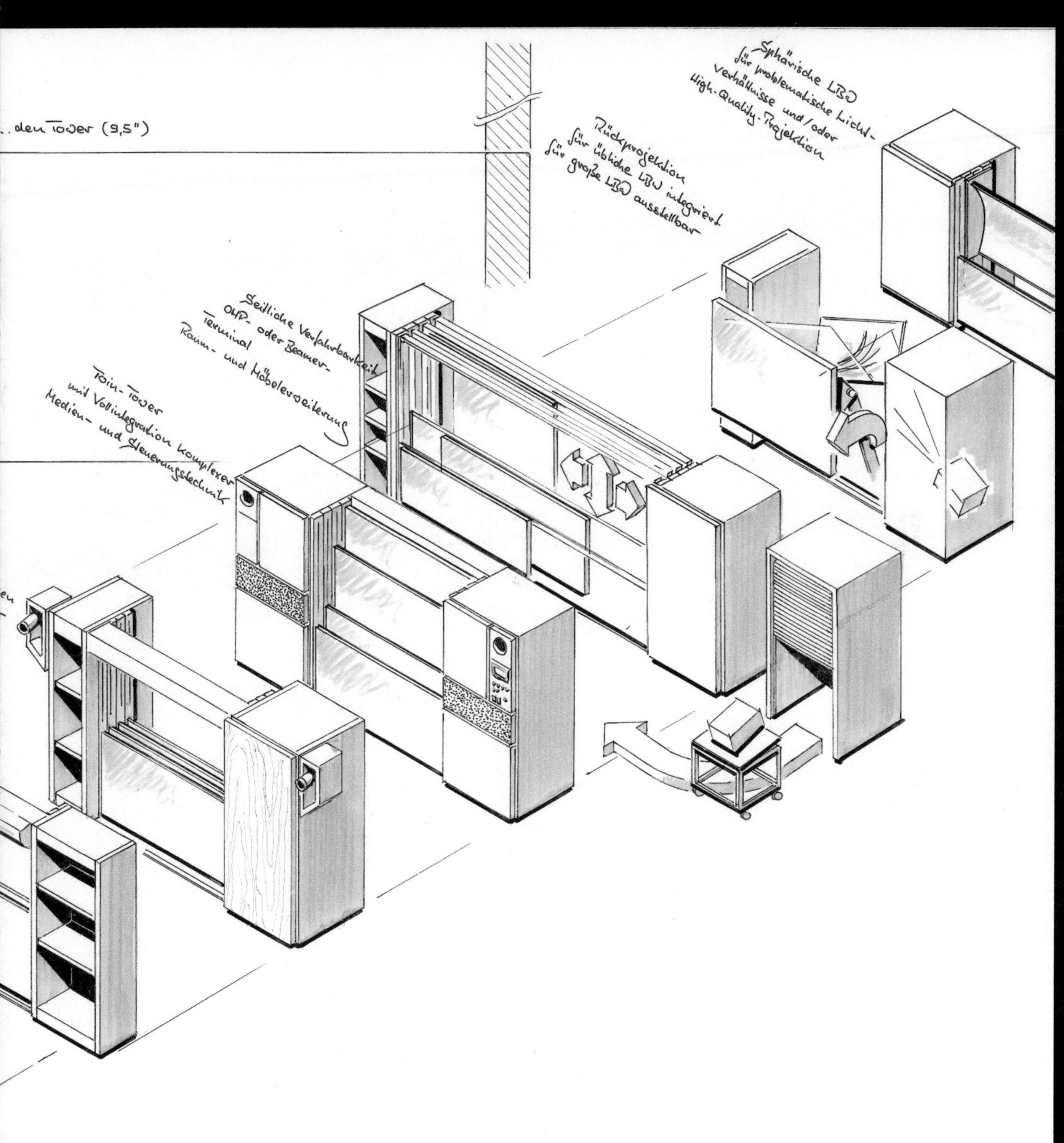

... den Tower (9,5")
Sphärische LBW
für problematische Licht-
verhältnisse und/oder
High-Quality-Projektion
Rückprojektion
für übliche LBW integriert
für große LBW ausstellbar
Seitliche Verfahrbarkeit
OHP- oder Beamer-
Terminal
Raum- und Möbelerweiterung
Twin-Tower
mit Vollintegration komplexer
Medien- und Steuerungstechnik

Monschau/Eifel

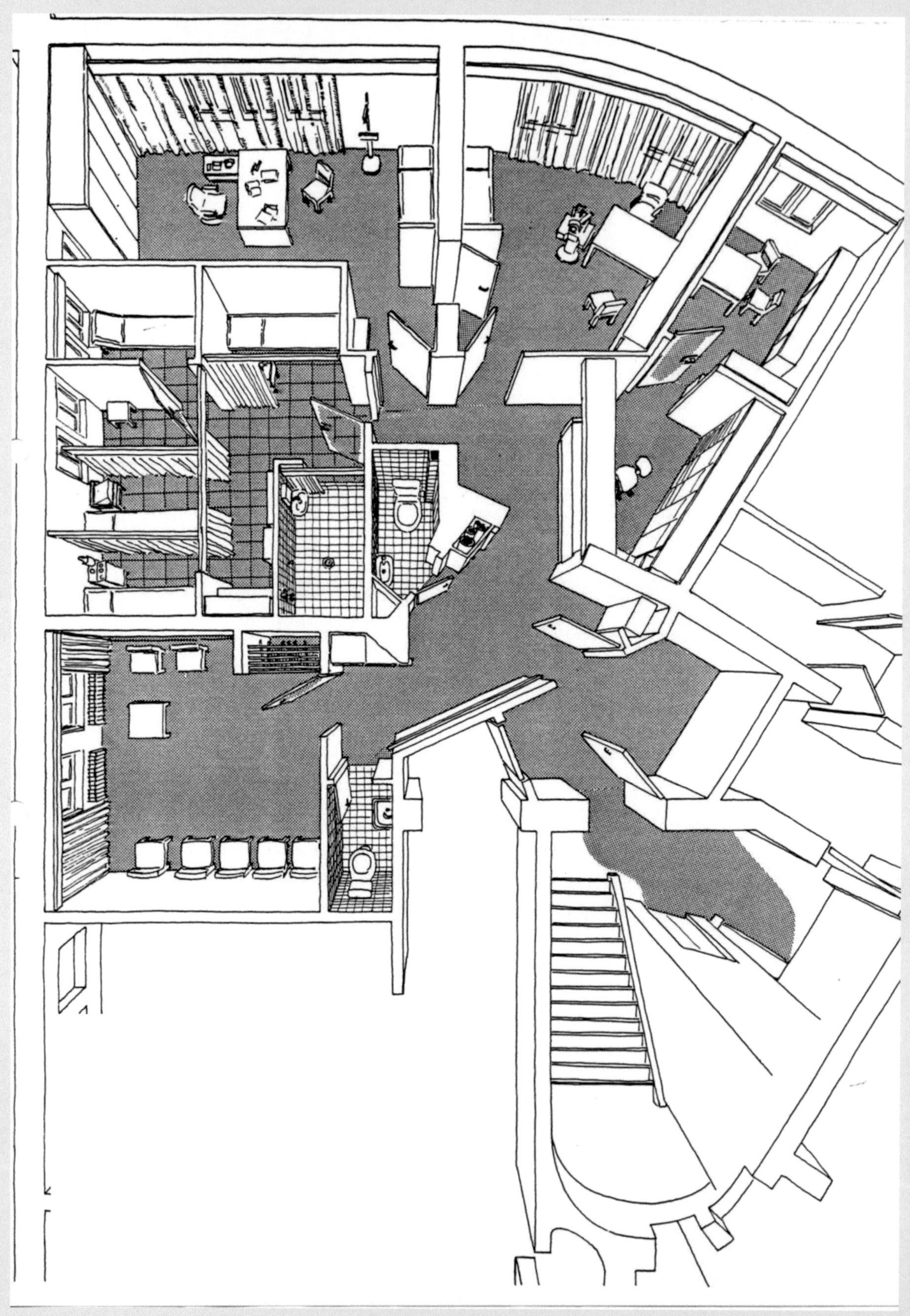

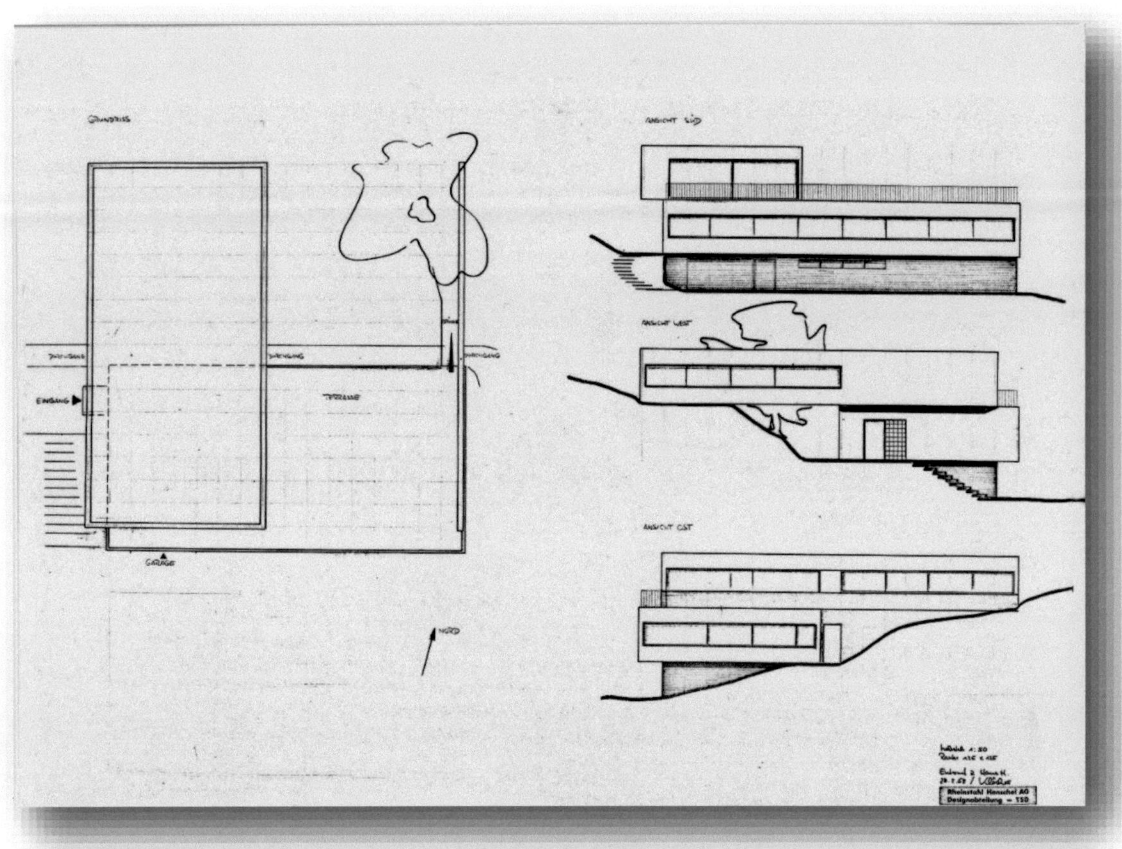
Rheinstahl Henschel AG
Designabteilung – TSD

Klöcker 72

eurocheque
85
NS 32032

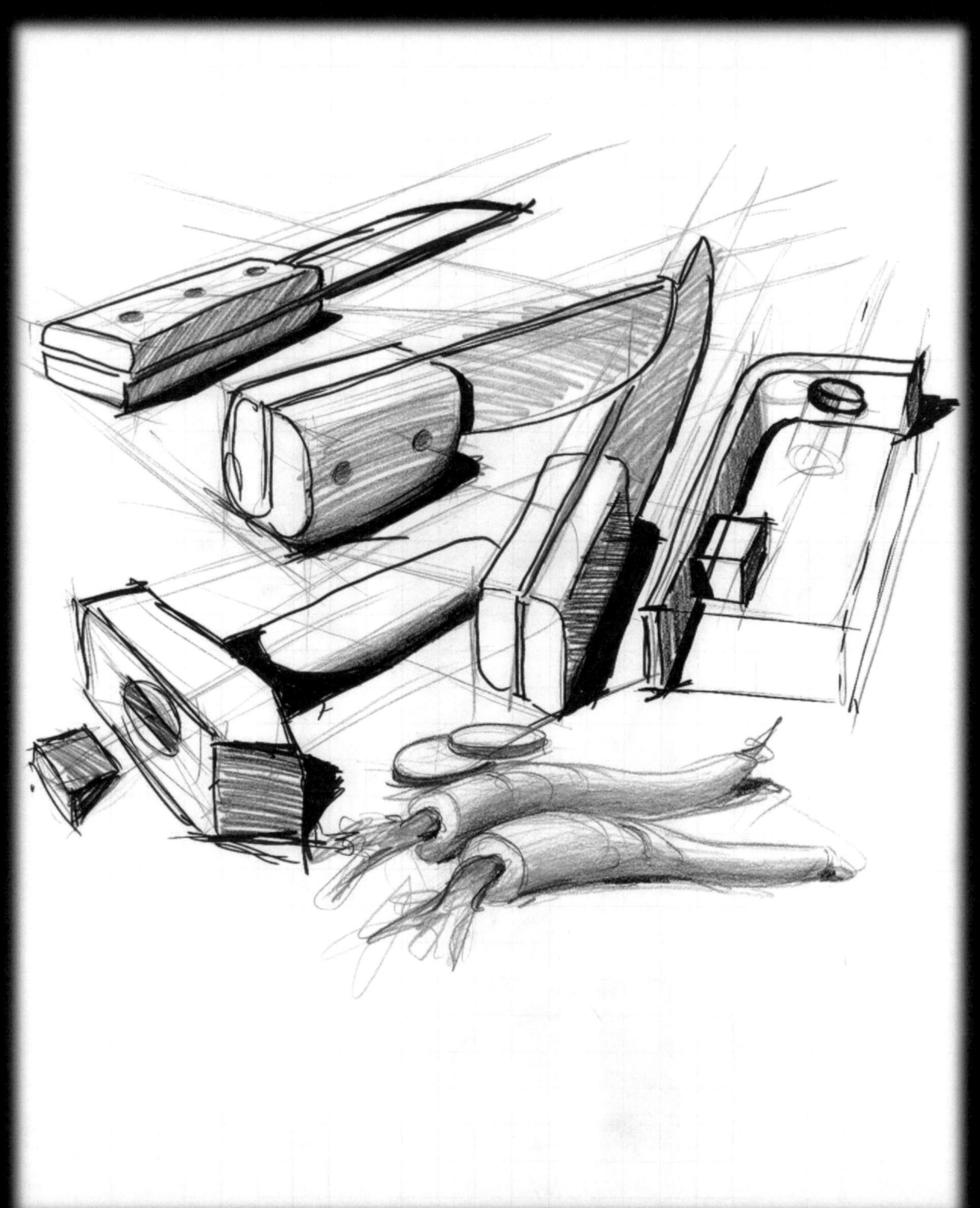

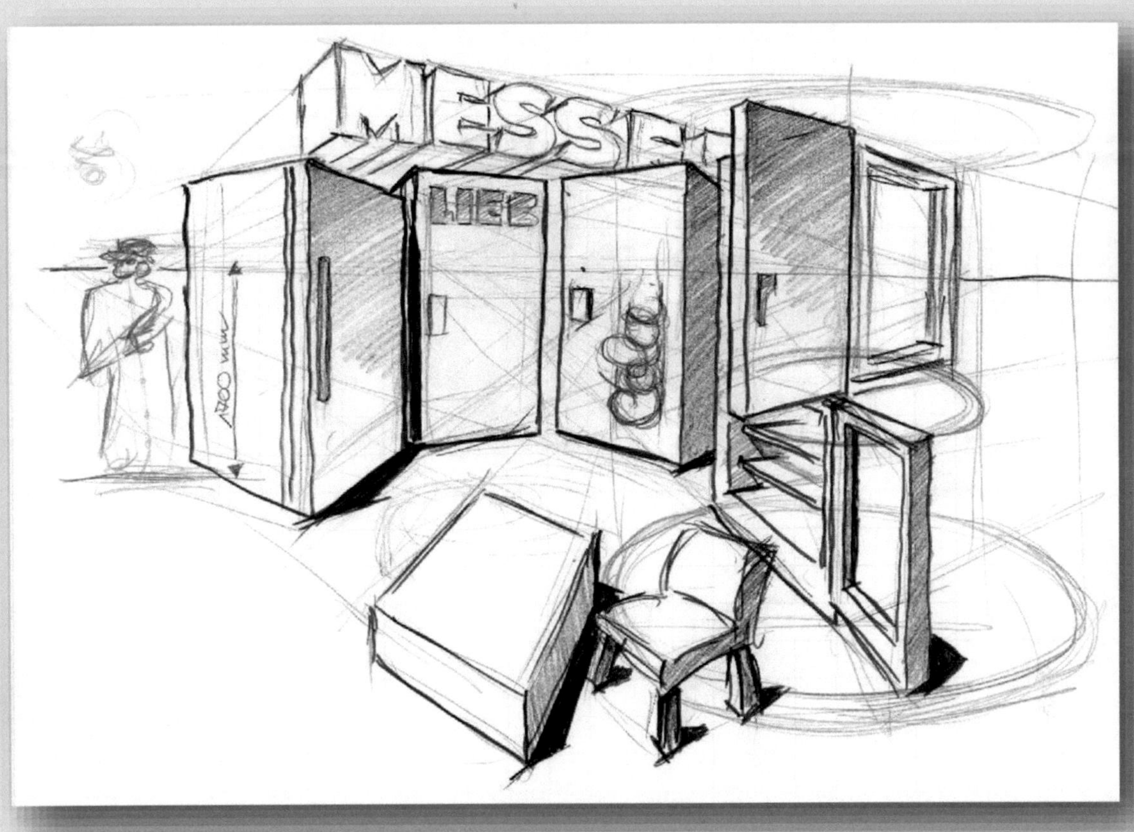
MESSE
LIEB
1700 mm

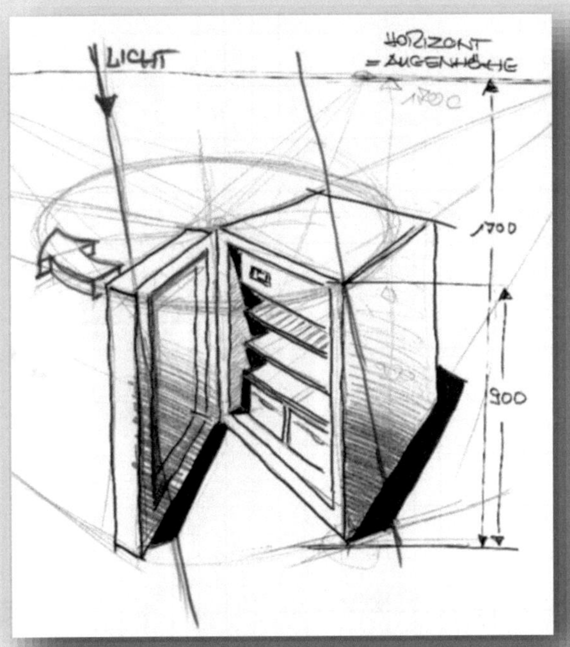
LICHT
HORIZONT
= AUGENHÖHE
1700
900

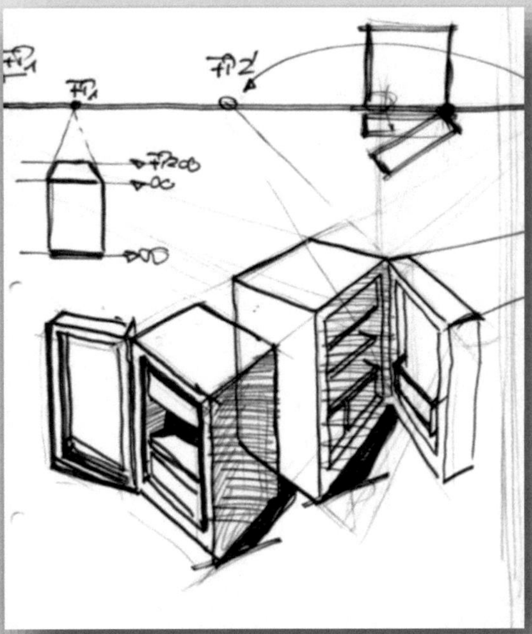

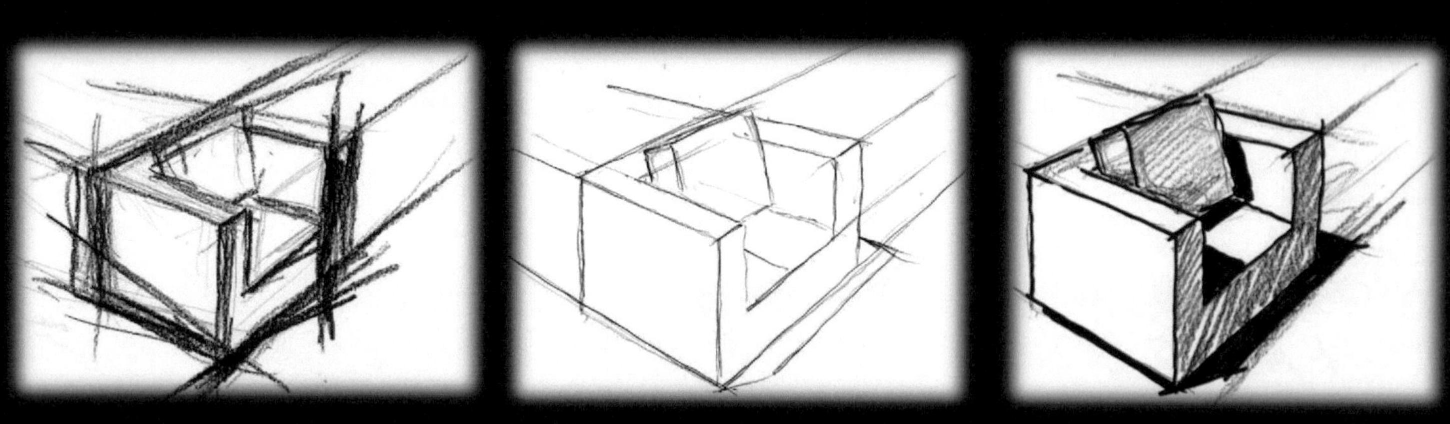

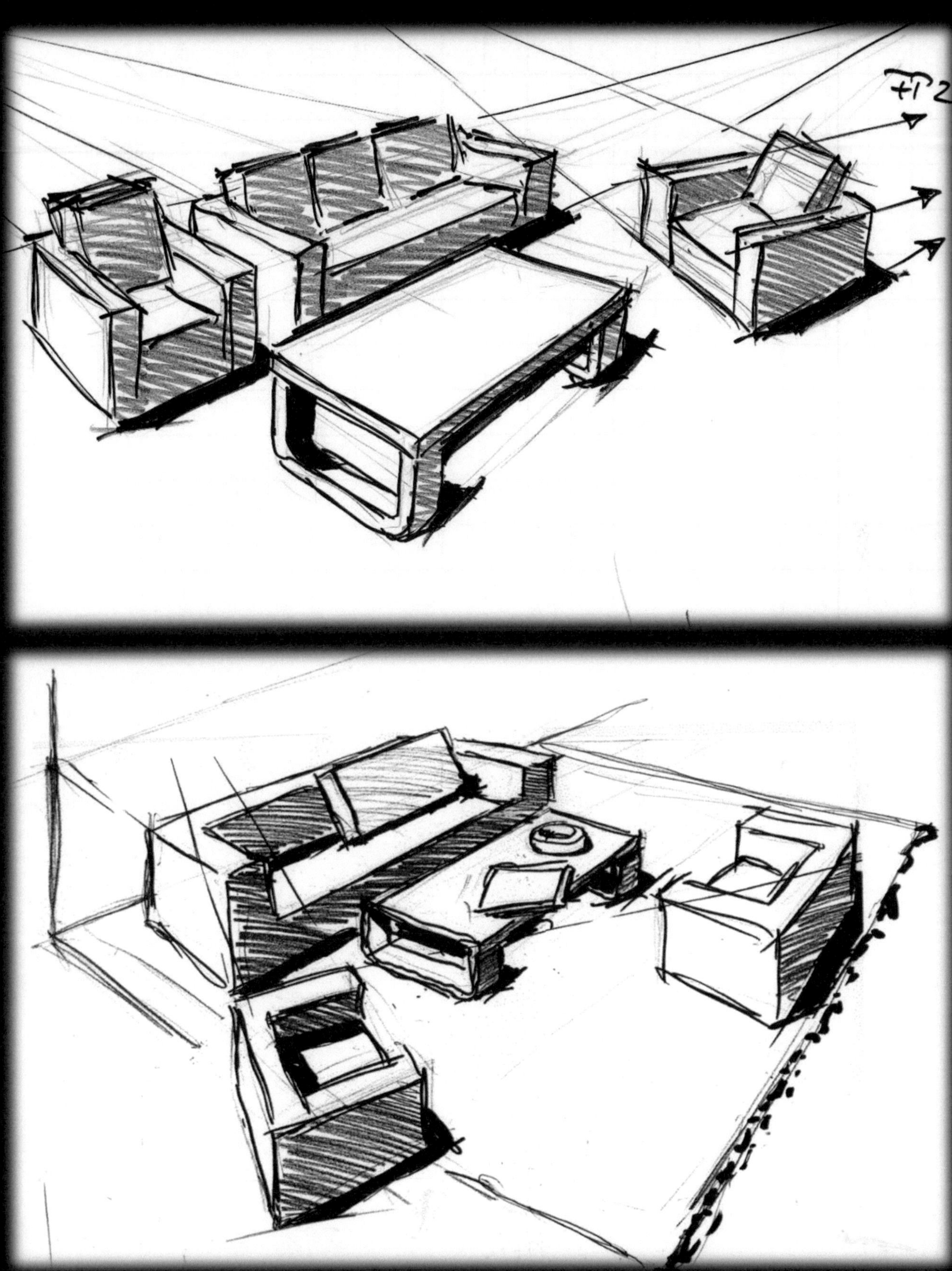
FP2

VERTIKAL GEKIPPTER KUBUS

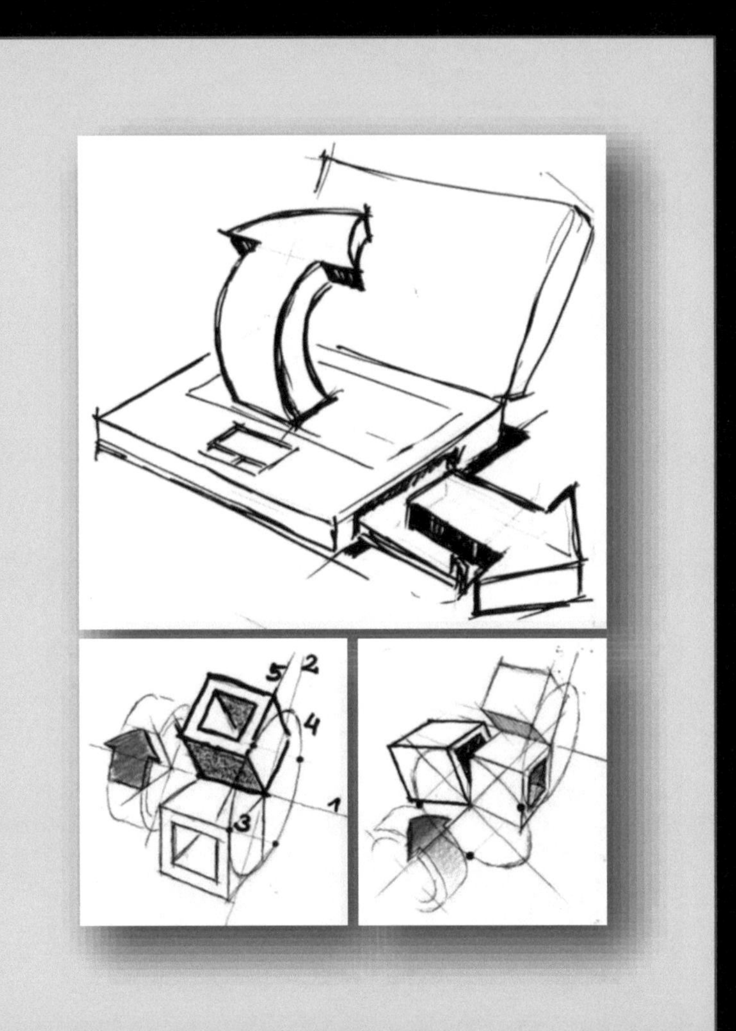

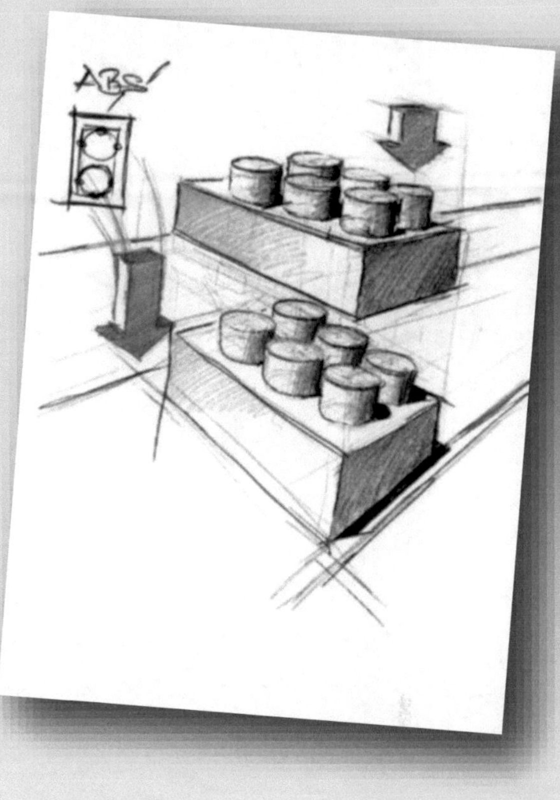
ABS!

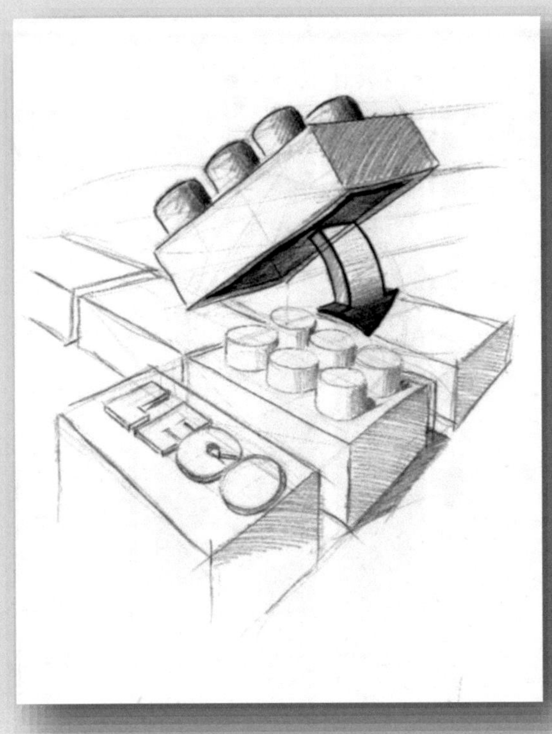
LEGO

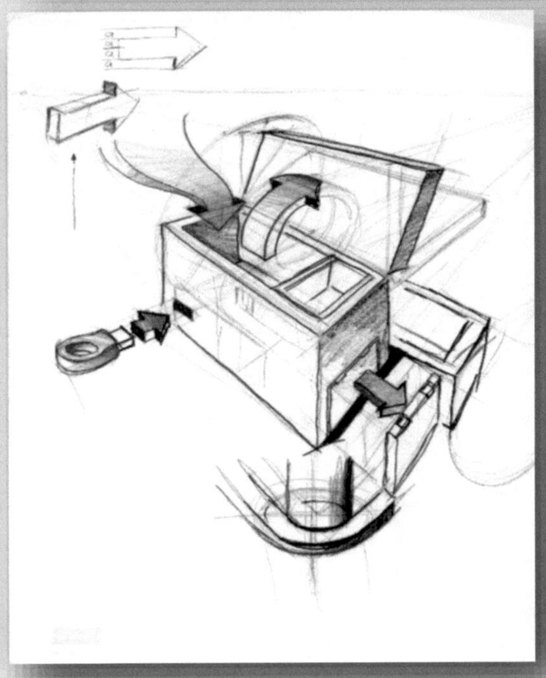

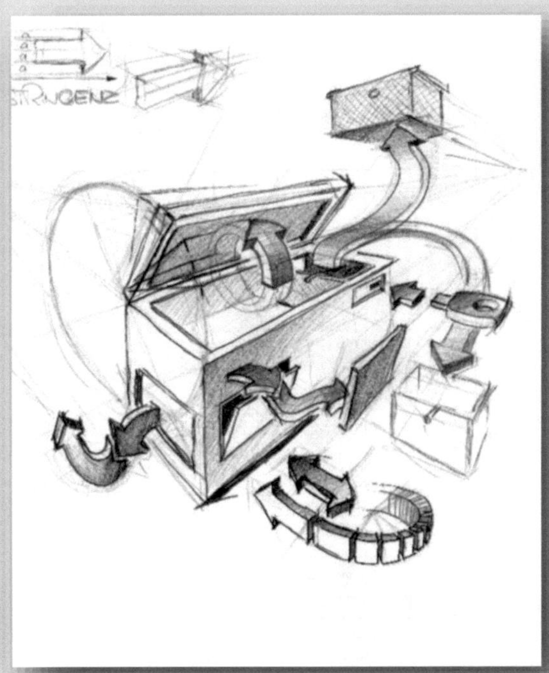

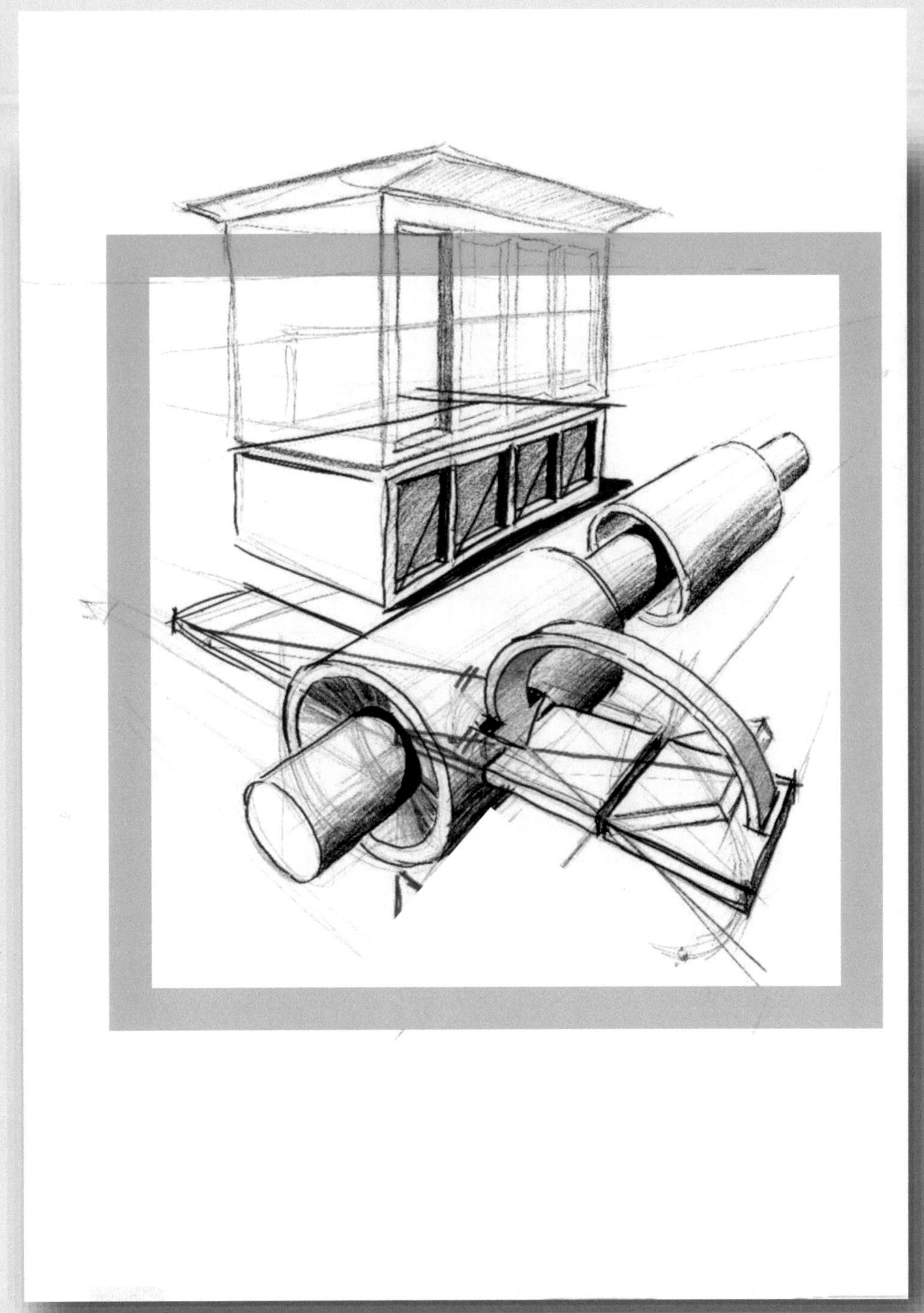

FHN

DER DRITTE FLUCHTPUNKT
- FÜR DIE VOGEL- UND
- FÜR DIE FROSCHPERSPEKTIVE

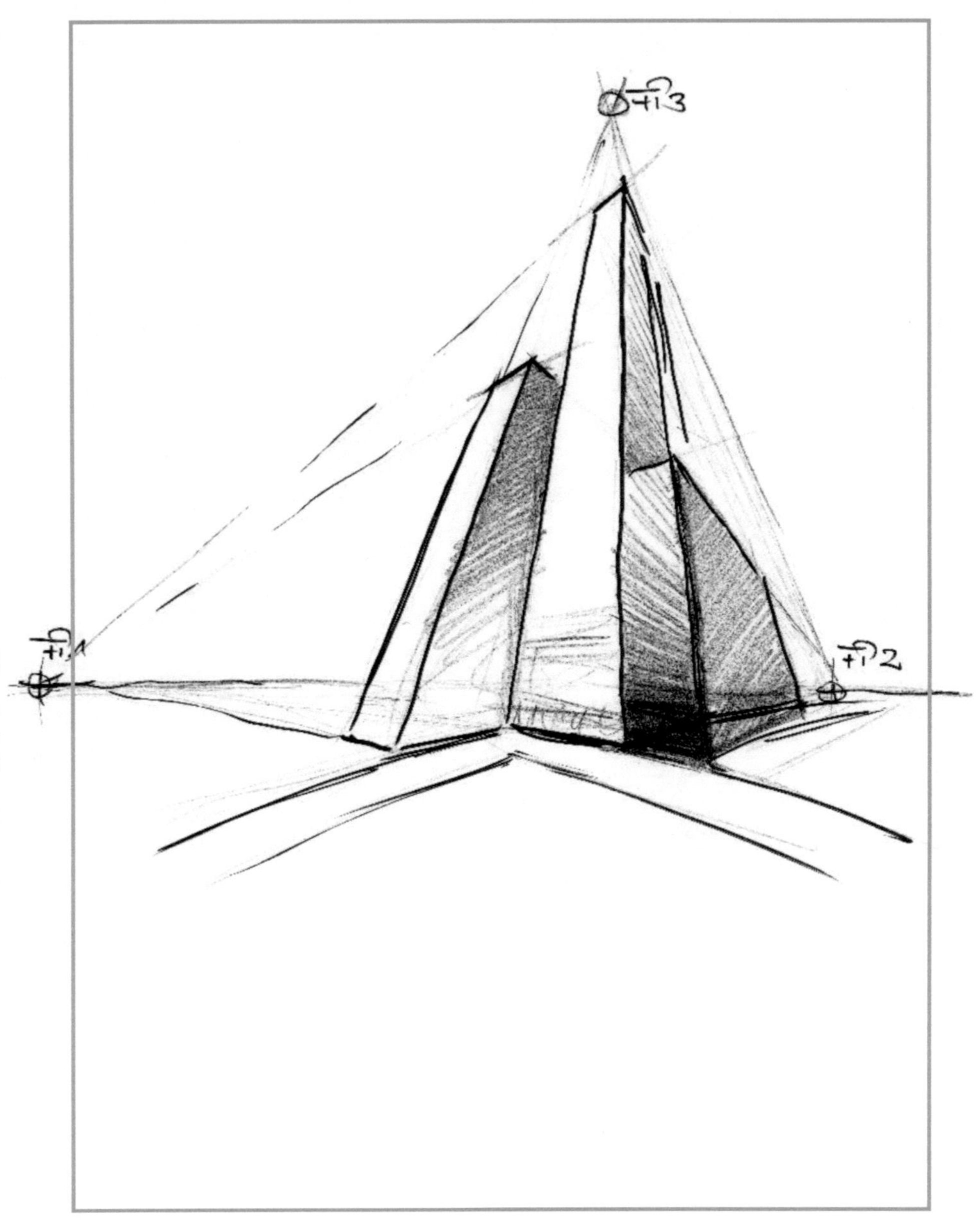
FP3
FP1
FP2

SENKRECHTE ZYLINDER

- MIT ANBAUTEN,
- MIT LICHT UND SCHATTEN.

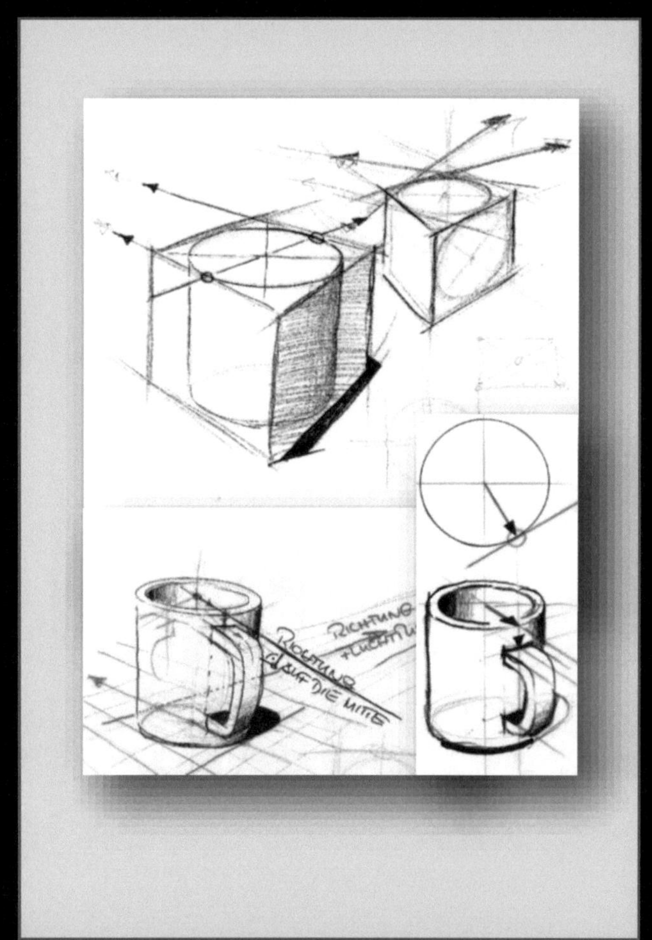

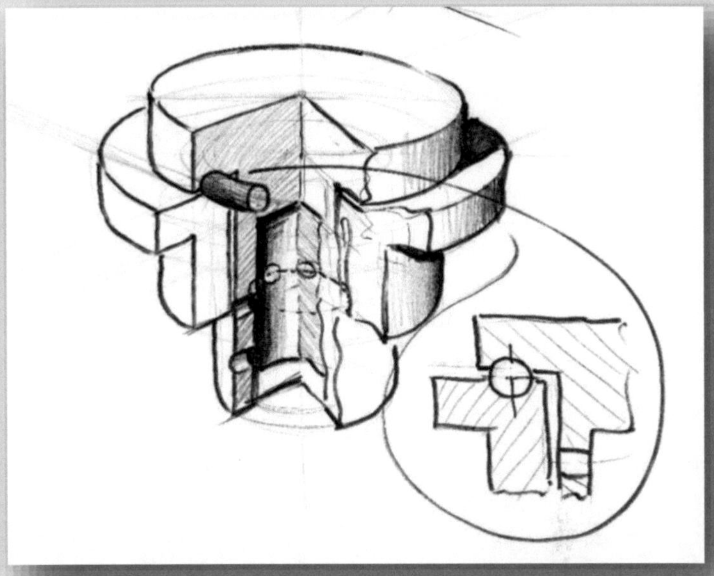

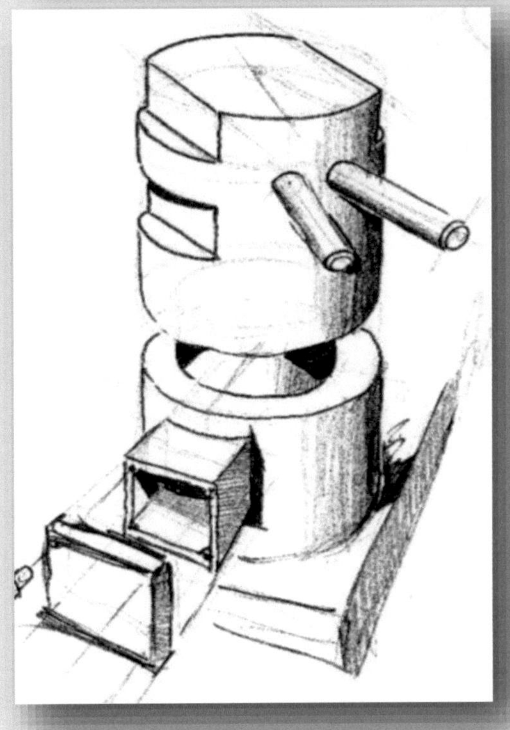

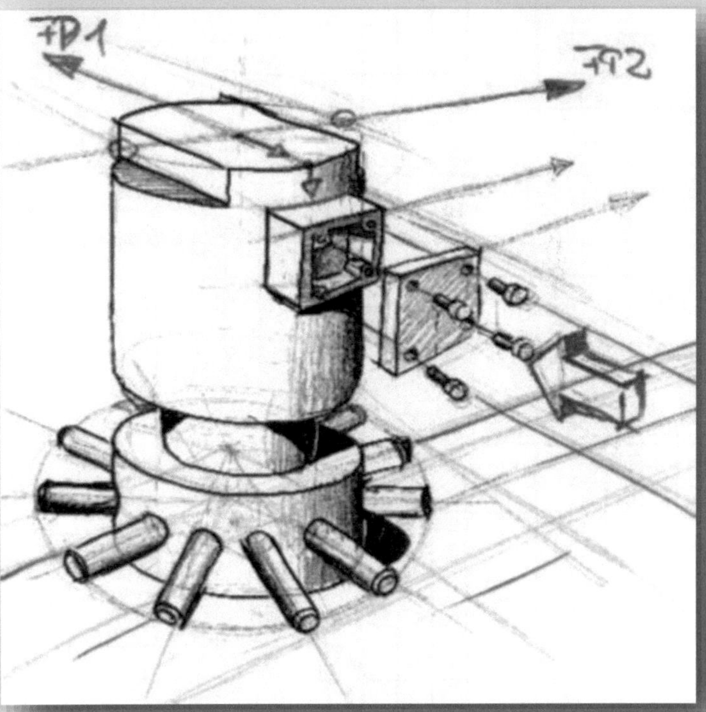
FP1
FP2

DER STEHENDE
ZYLINDER
LICHT

ROTATIONS-ACHSE
=KURZE
ELLIPSEN-ACHSE

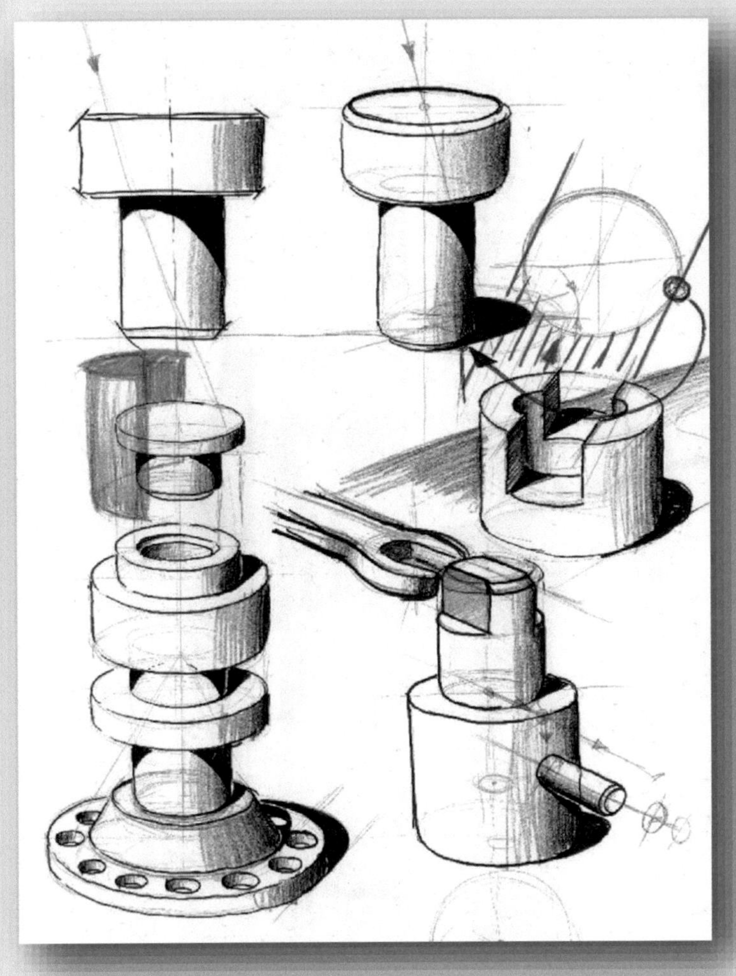

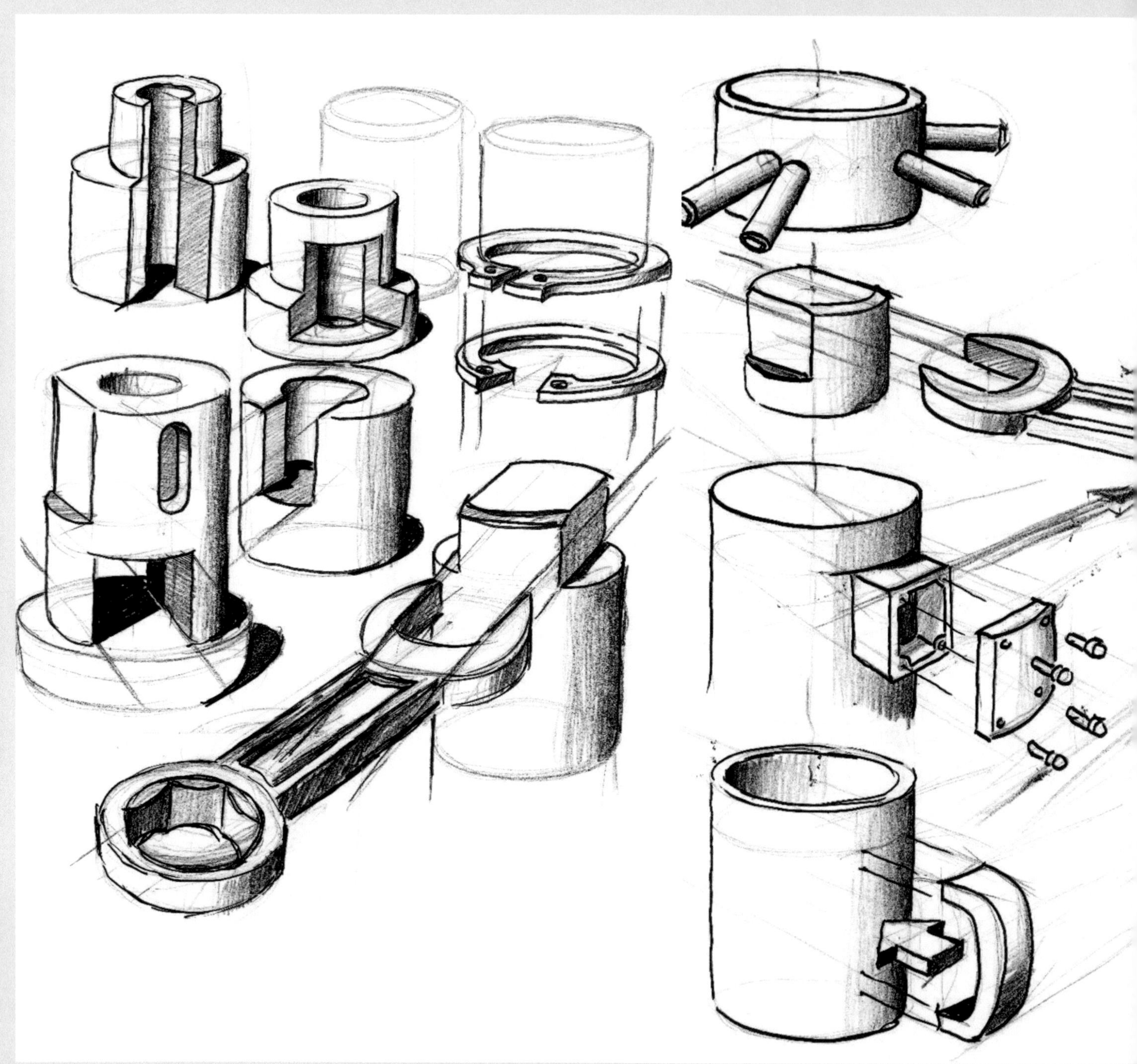

NICHT SO GROSS!
– KLEINER

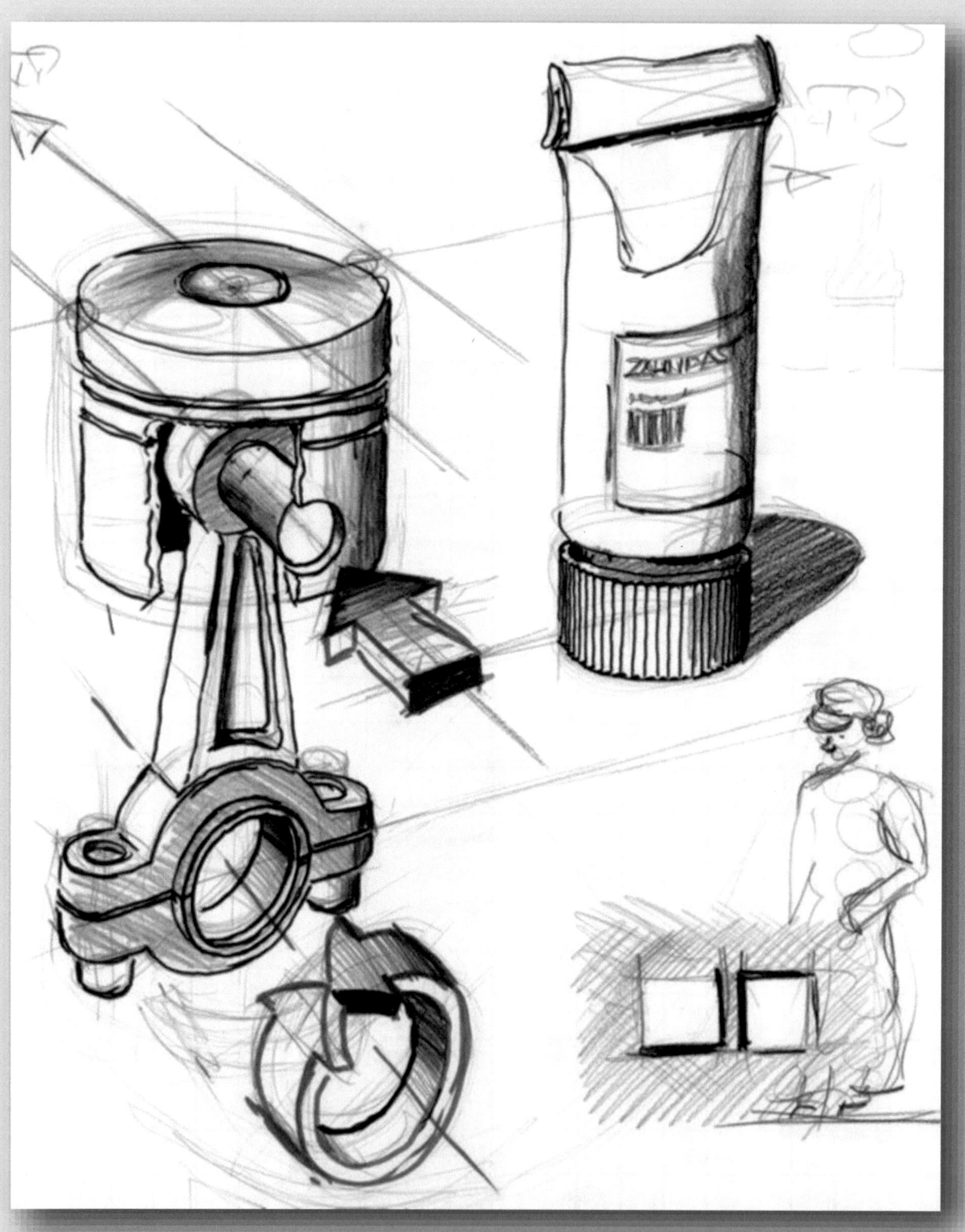

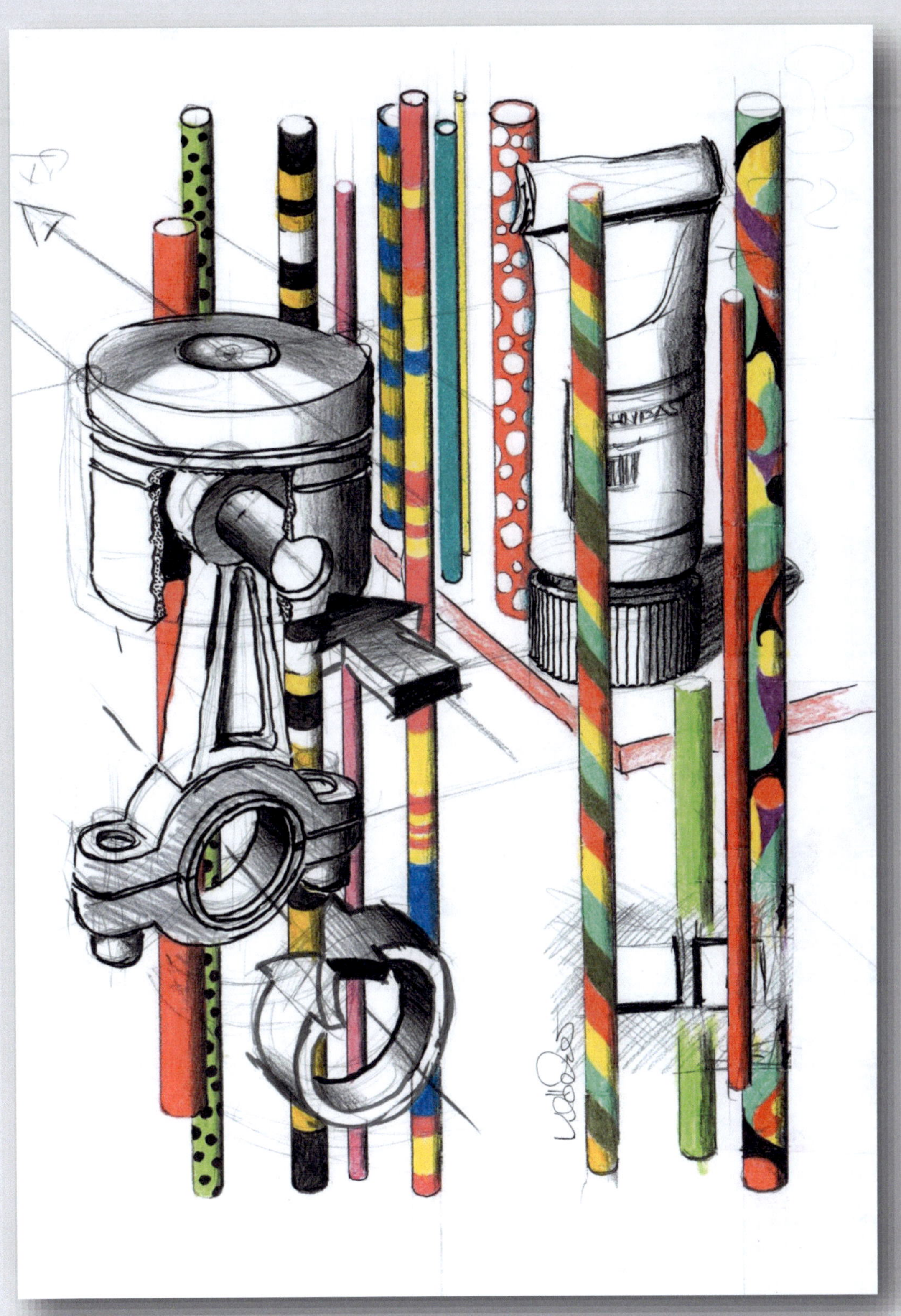

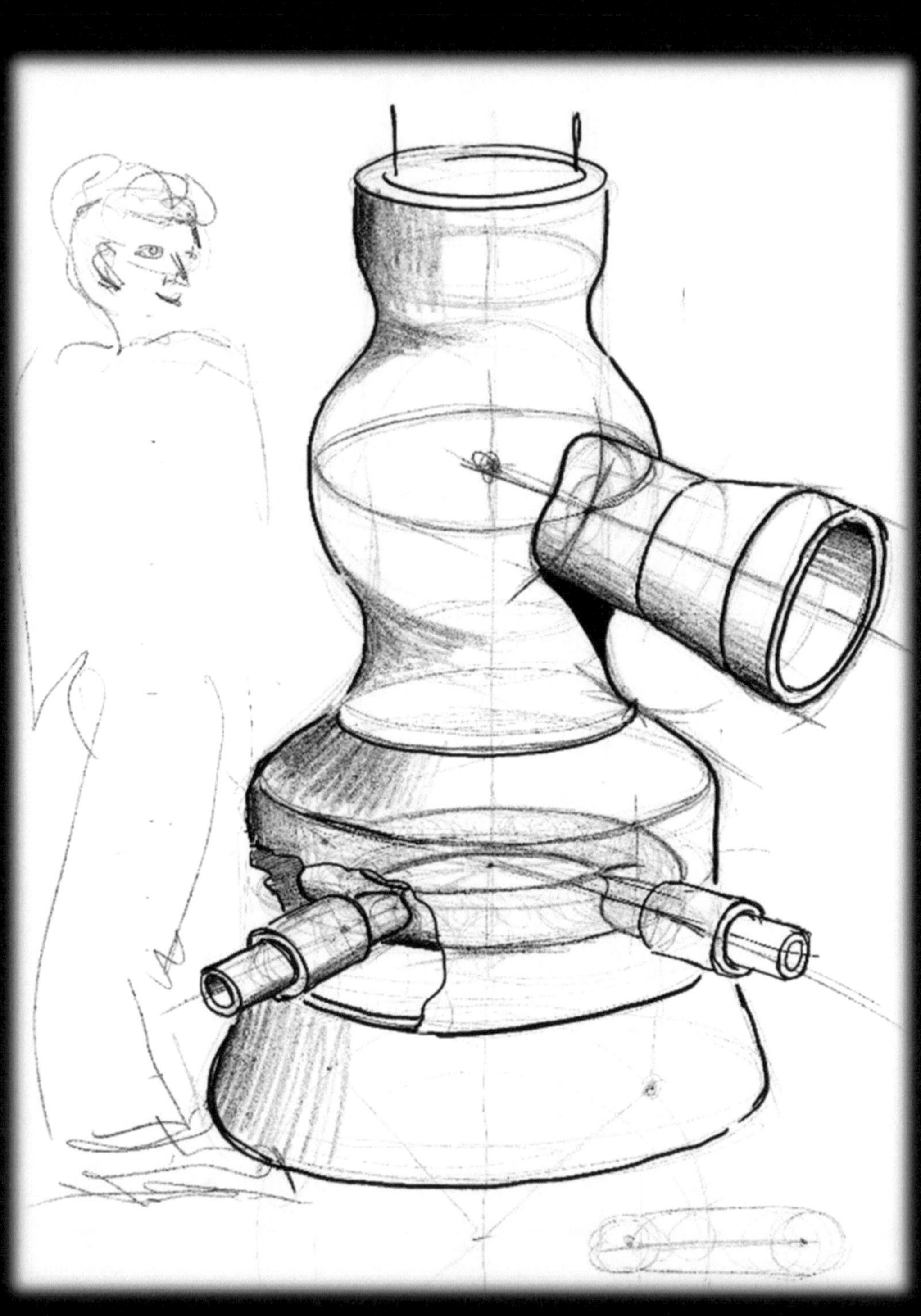

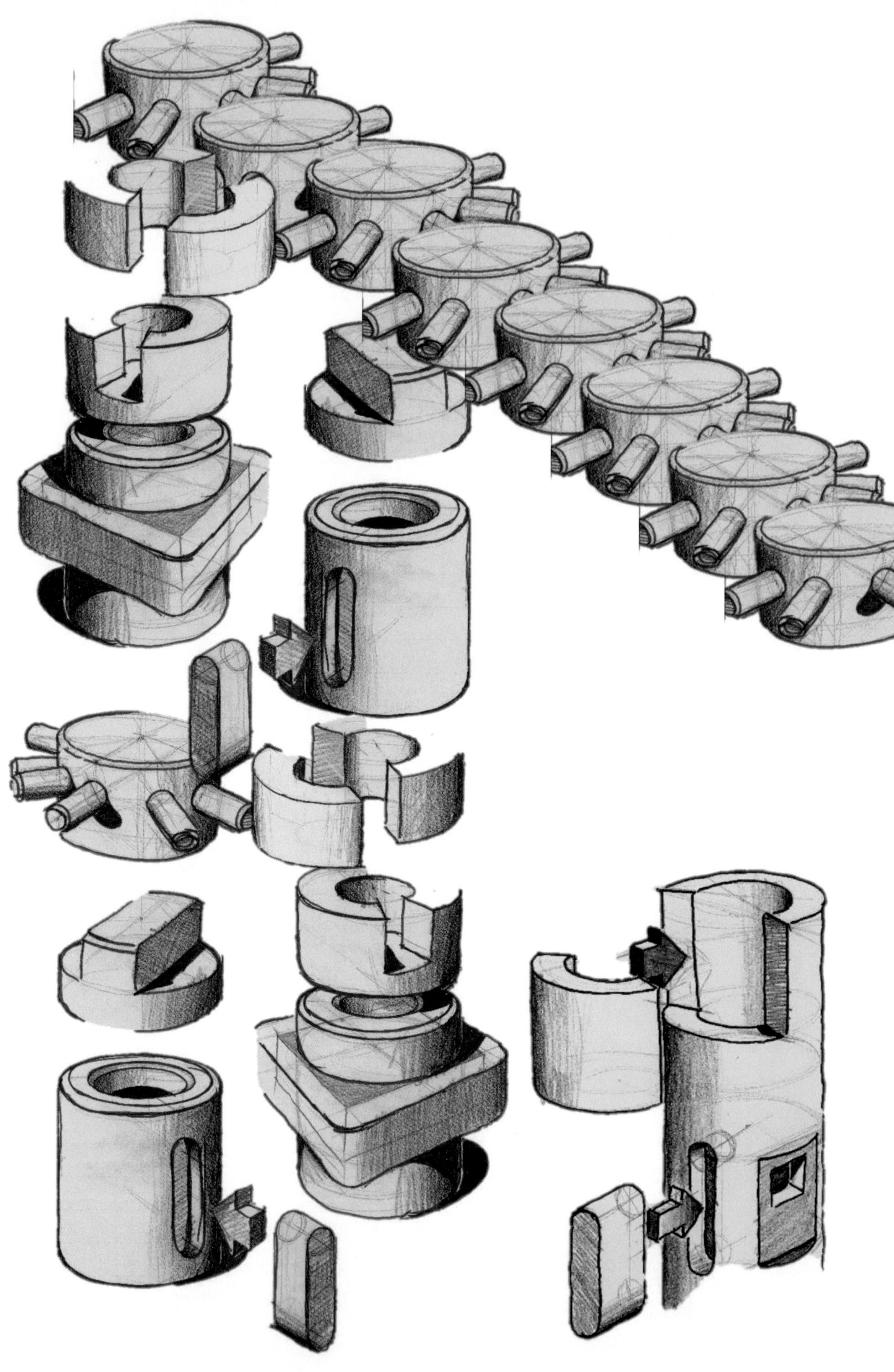

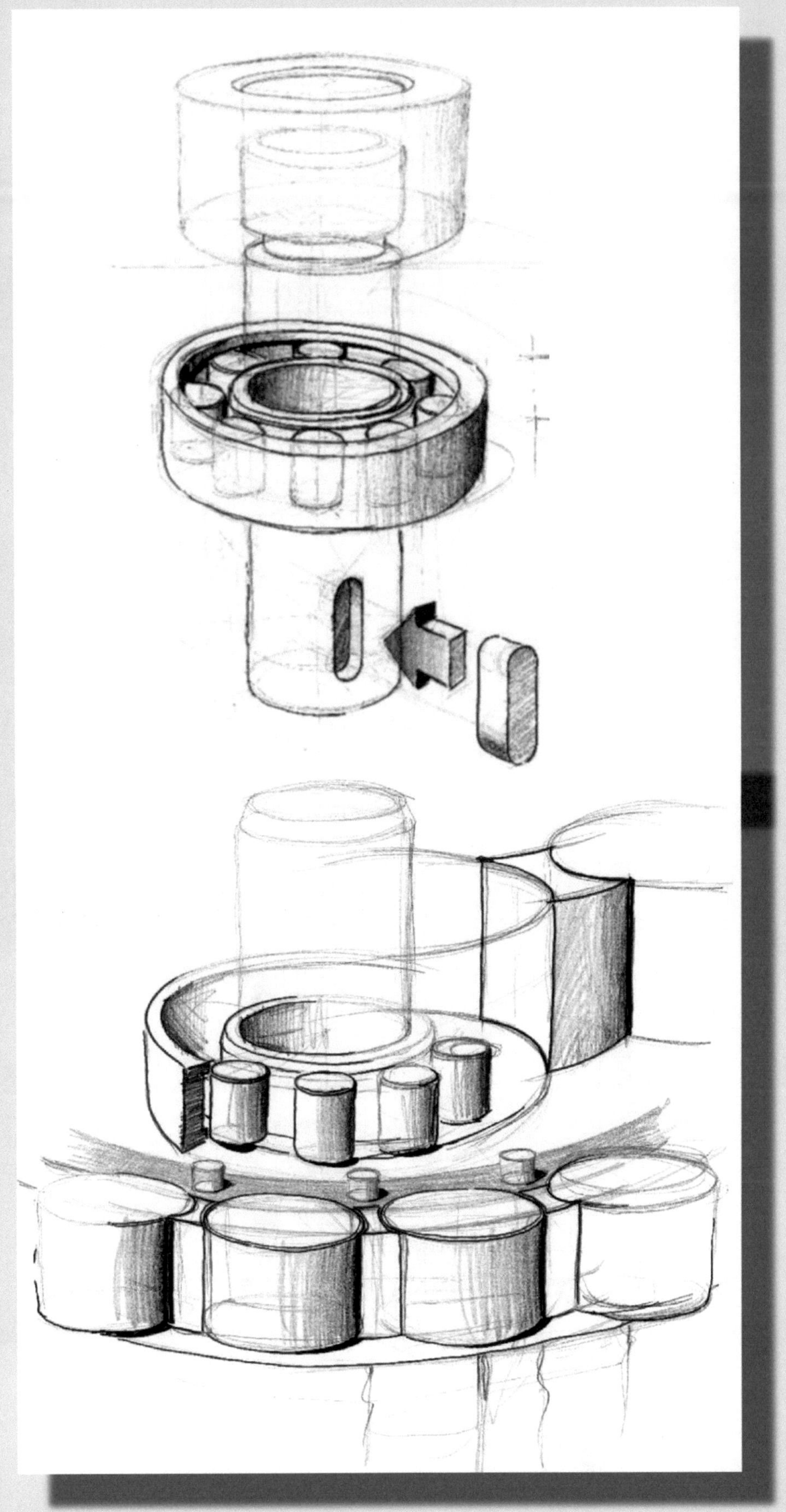

SÜSSSTOFF
MILCH
SAL

LIEGENDE ZYLINDER

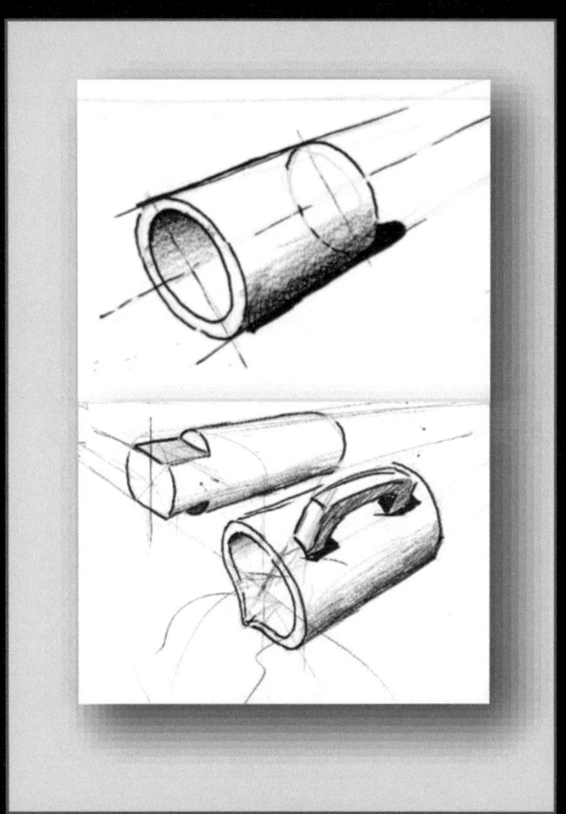

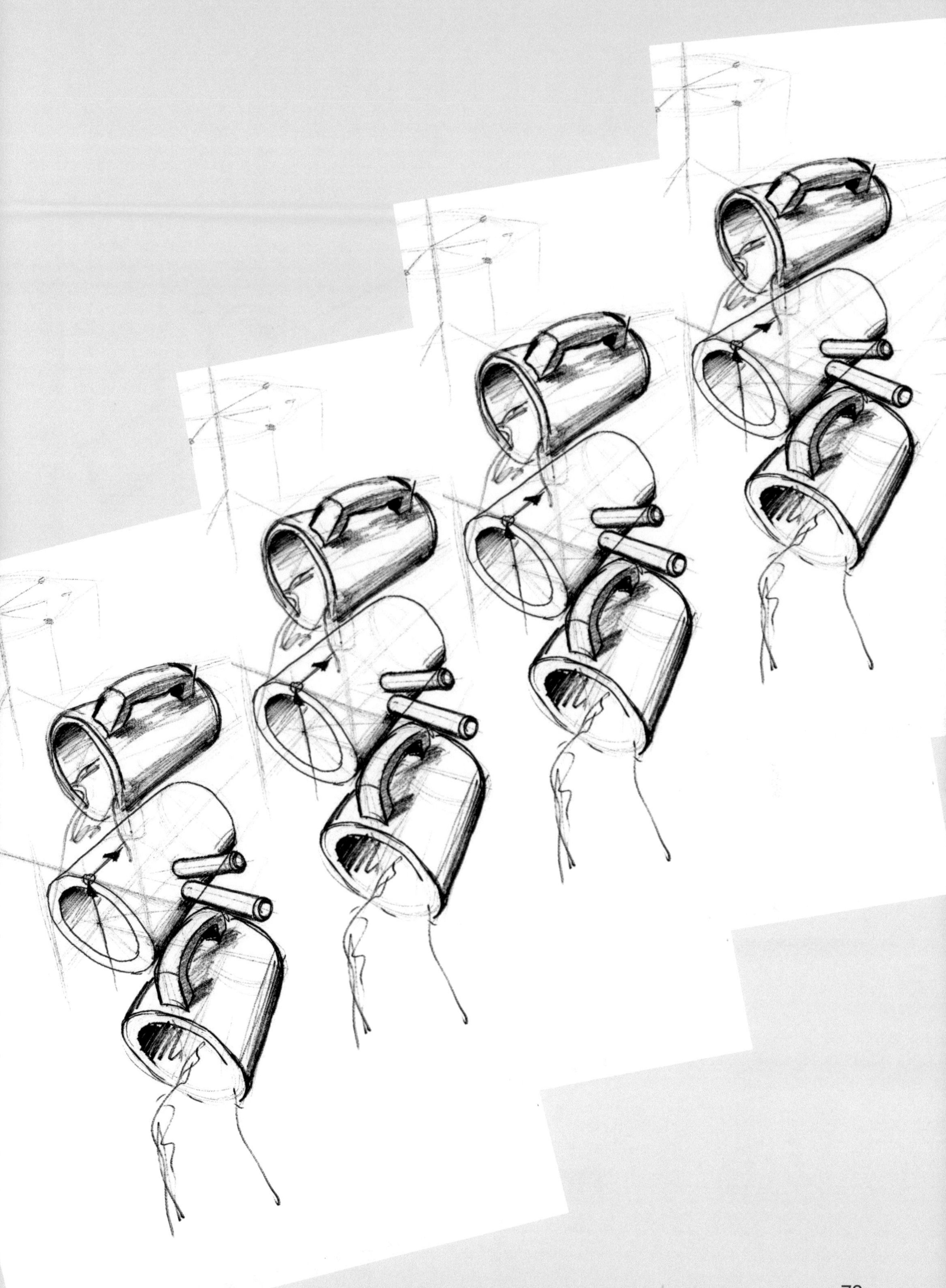

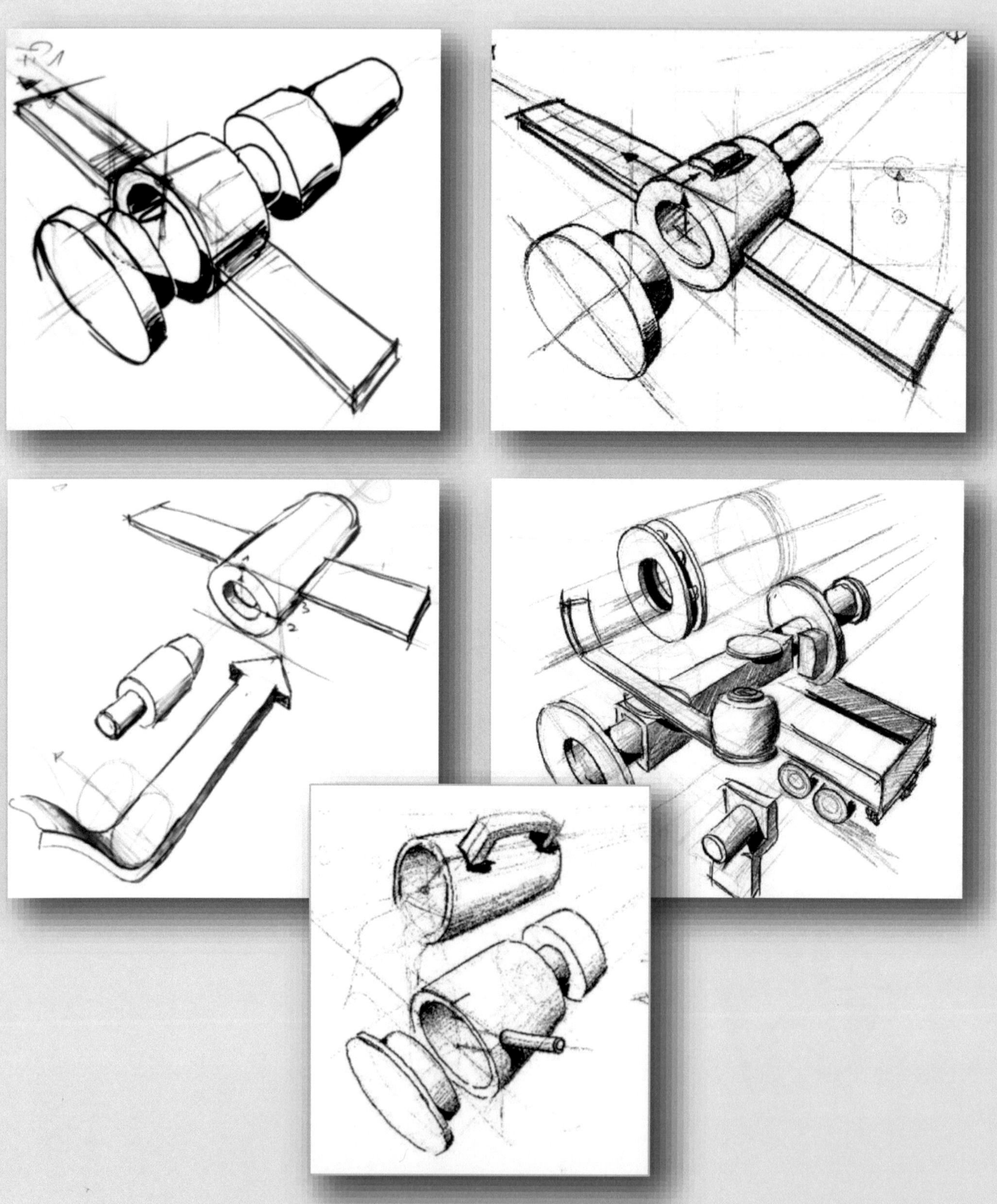

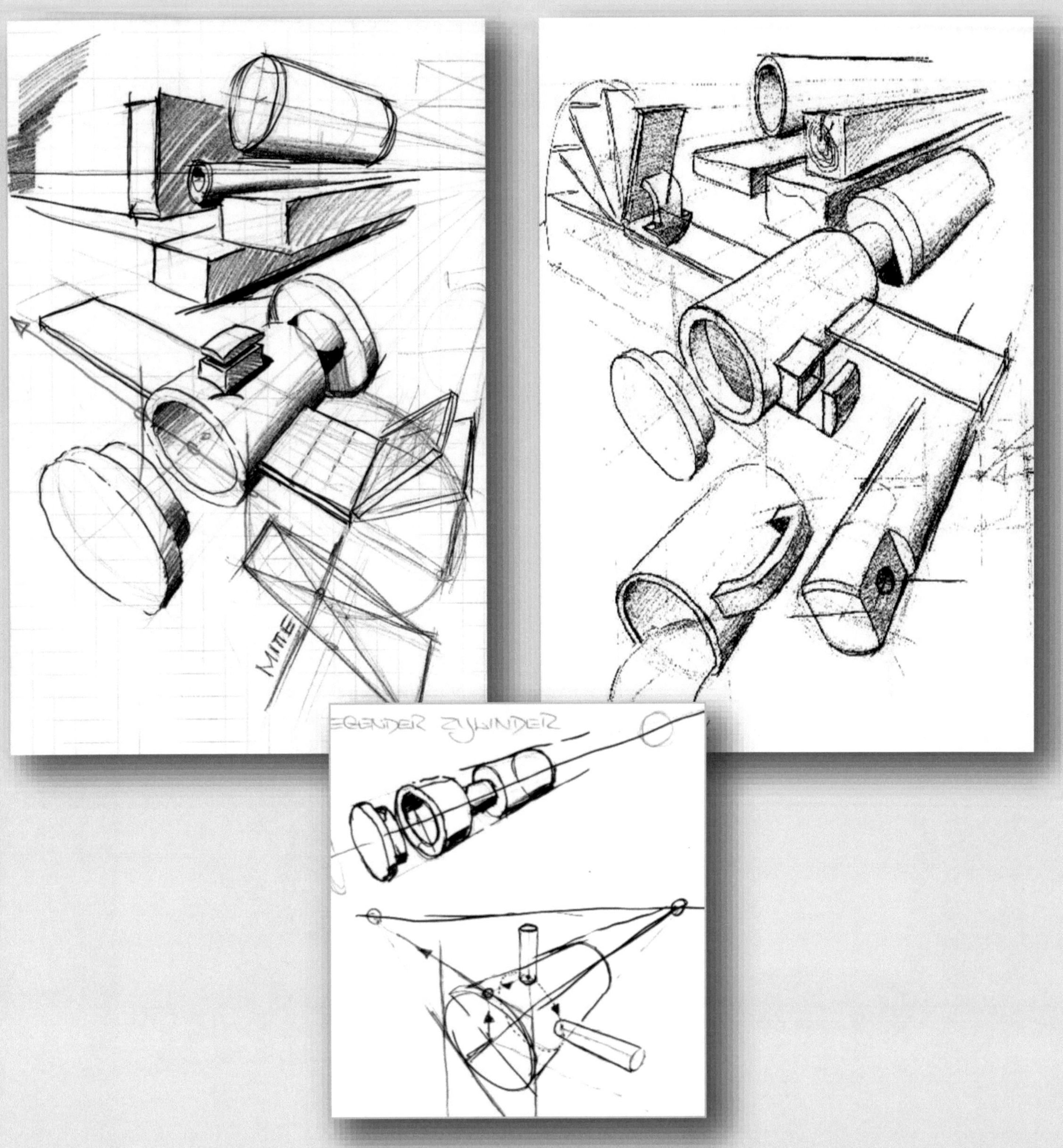
MITTE
EGENDER ZYLINDER

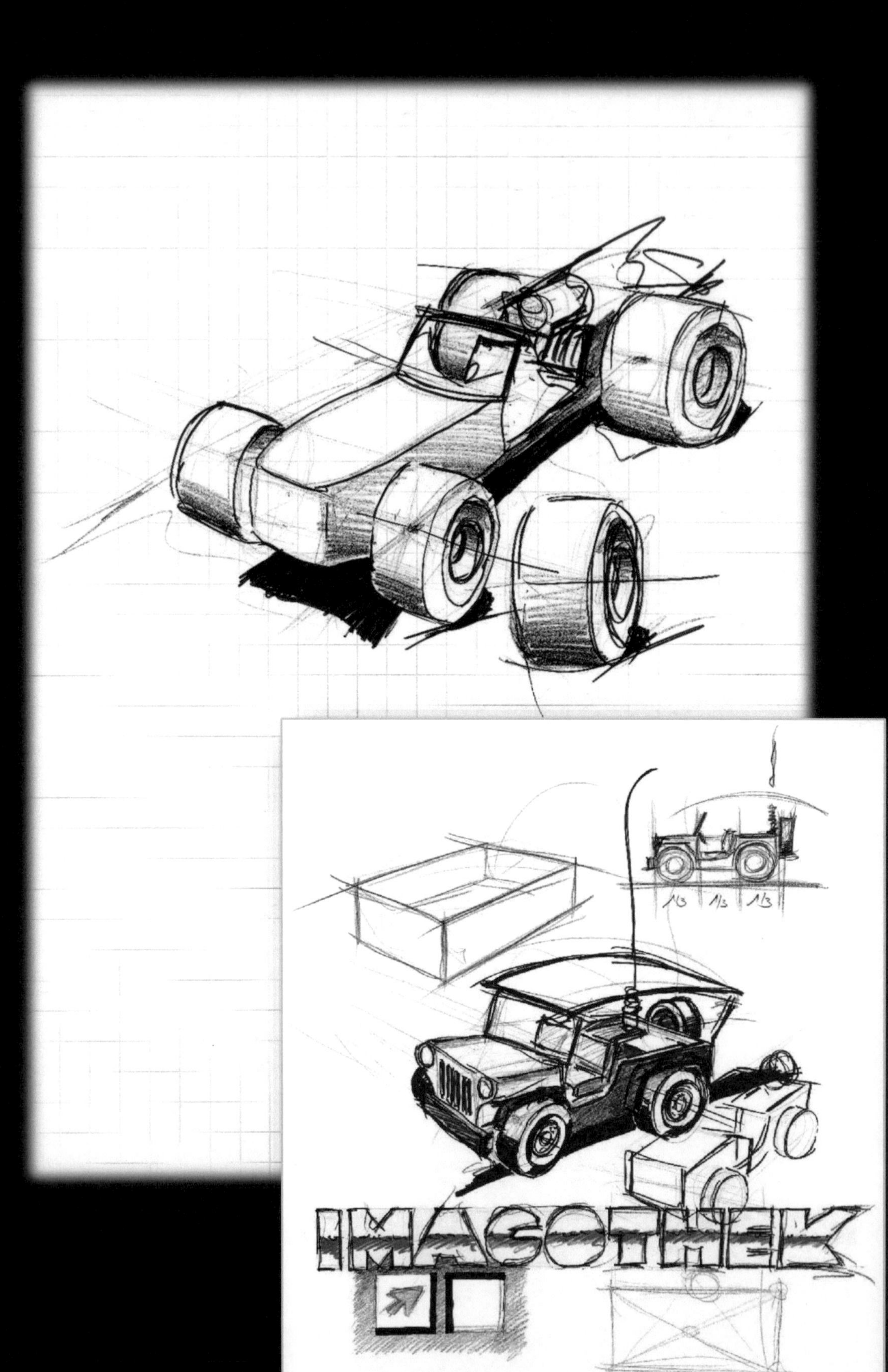
1/3 1/3 1/3
IMAGOTHEK

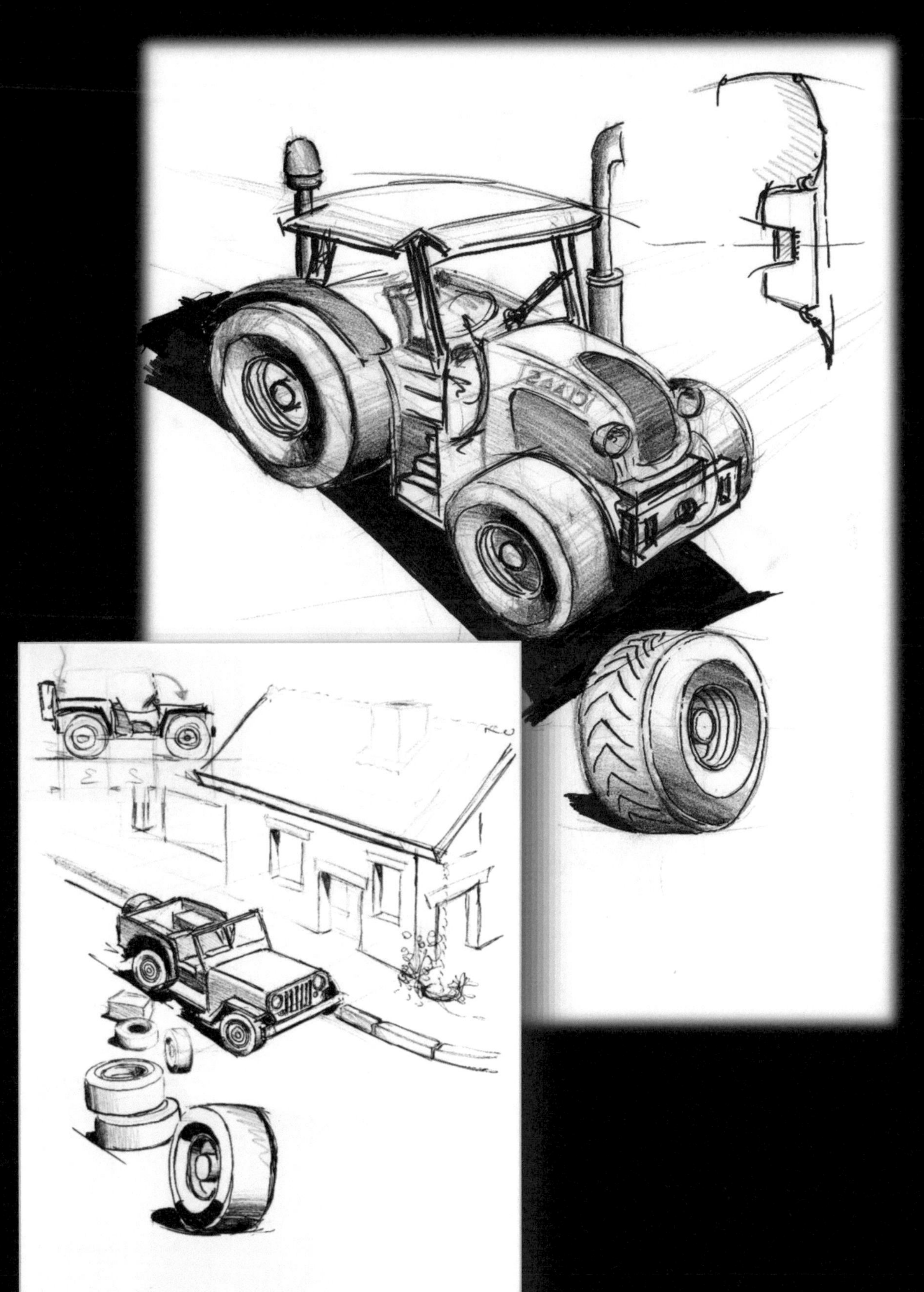

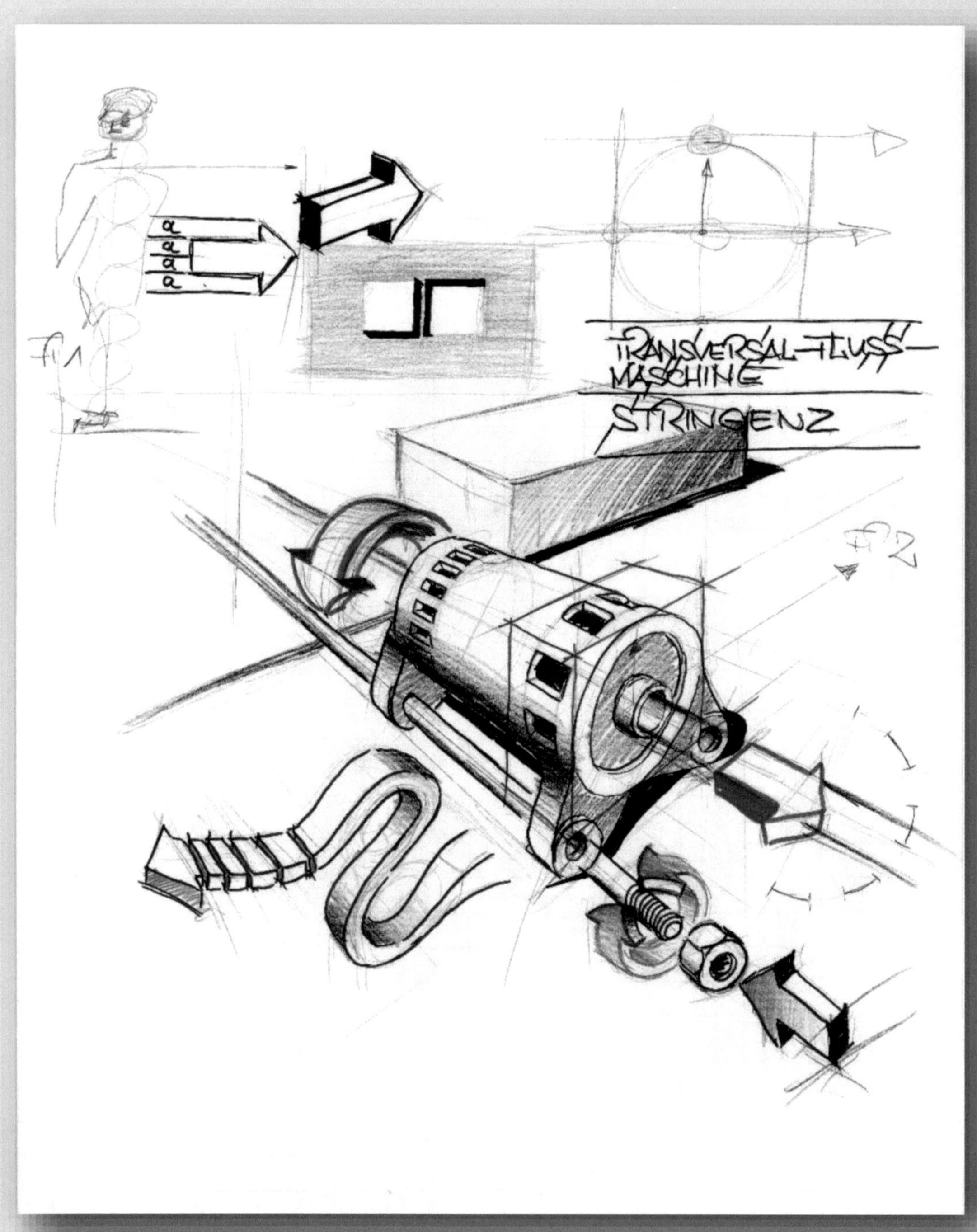

TRANSVERSAL-FLUSS-
MASCHINE
STRINGENZ

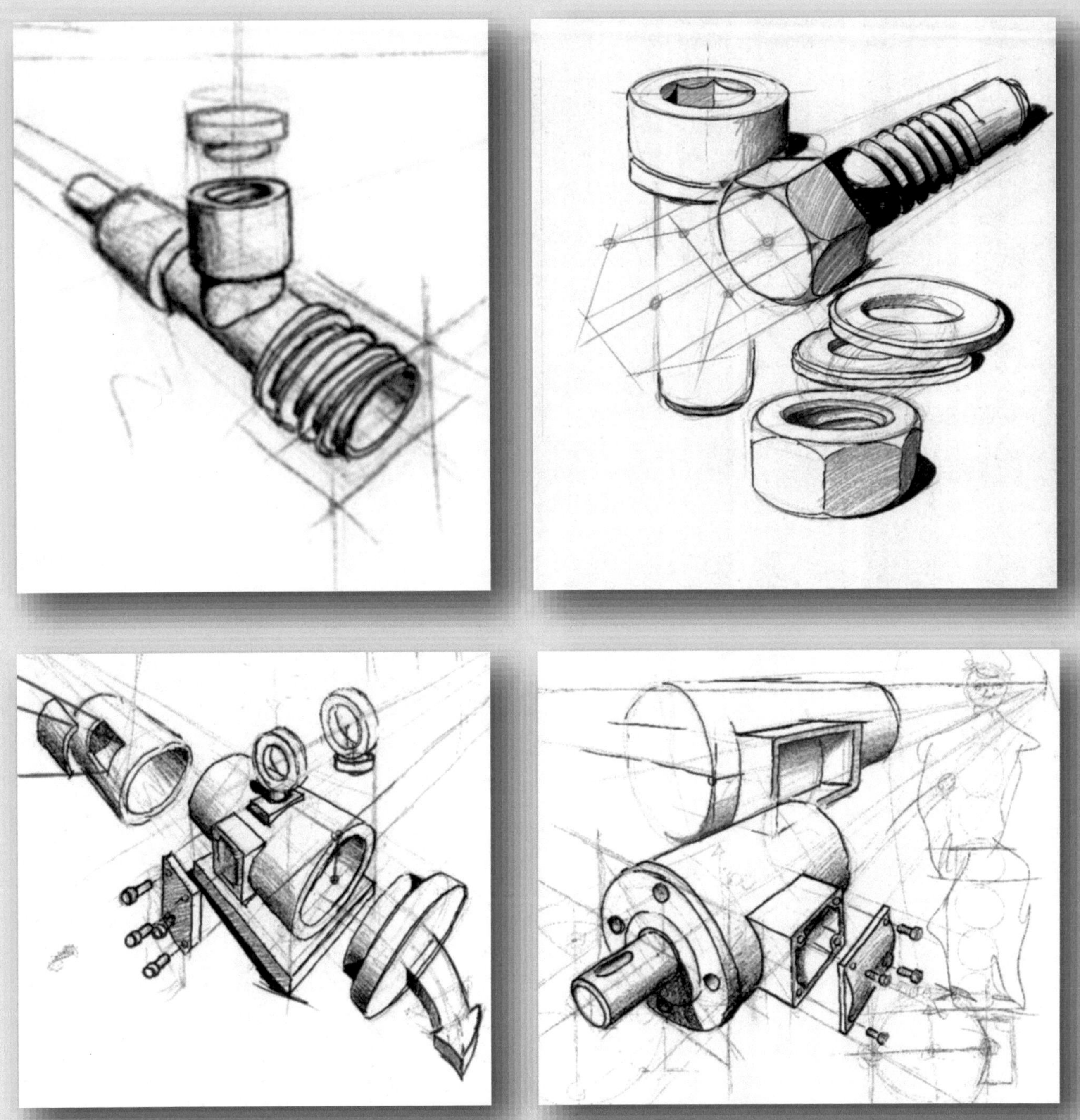

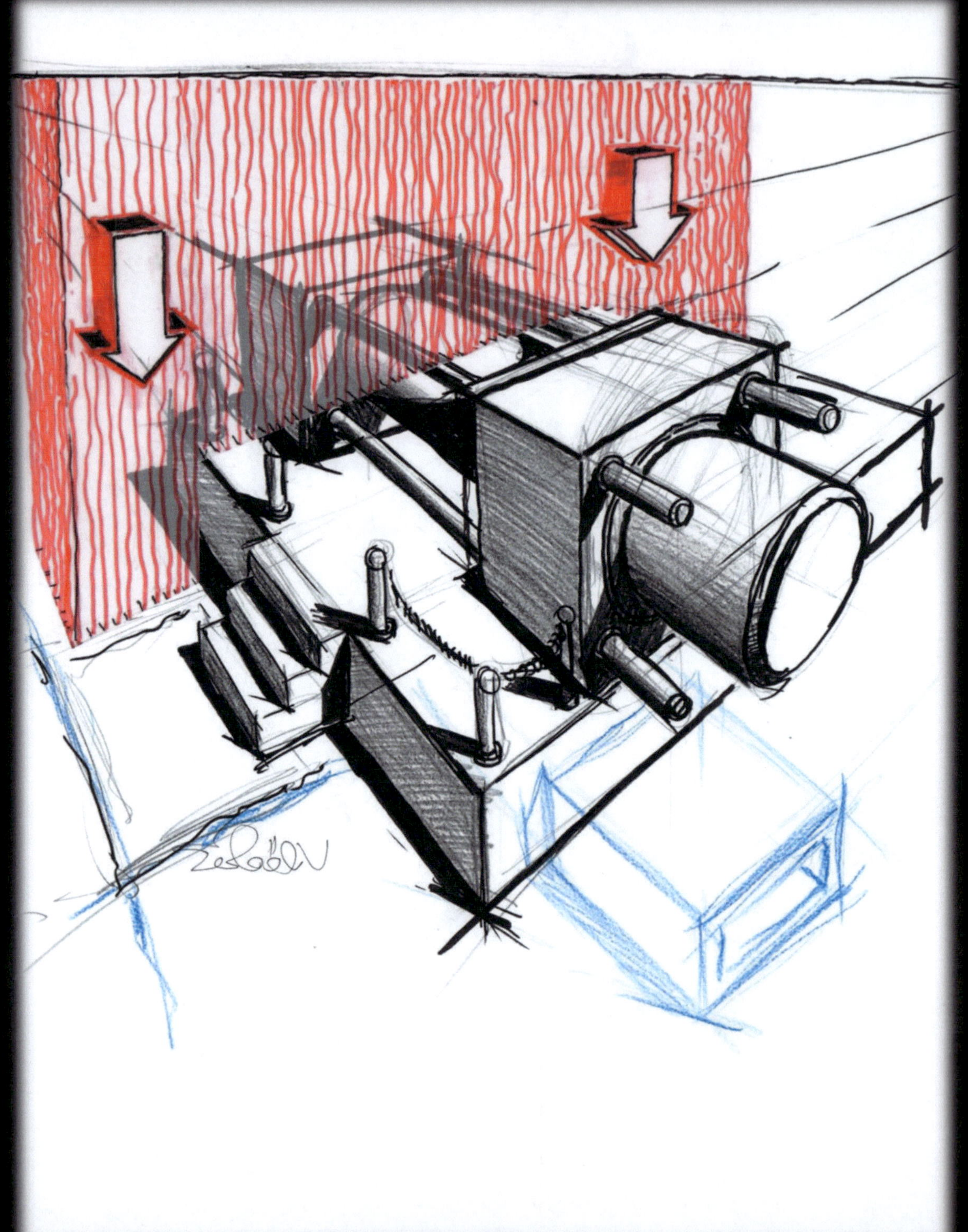

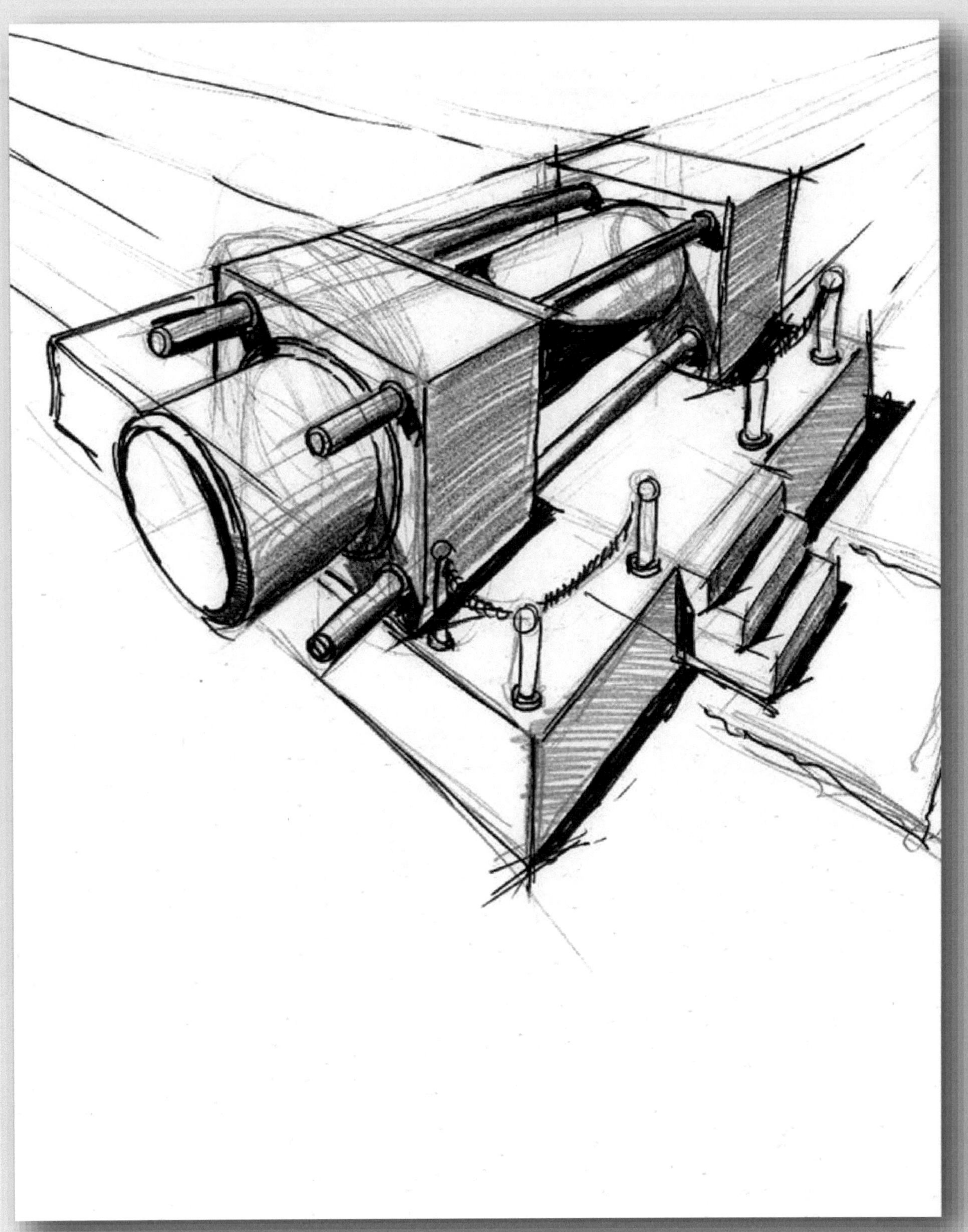

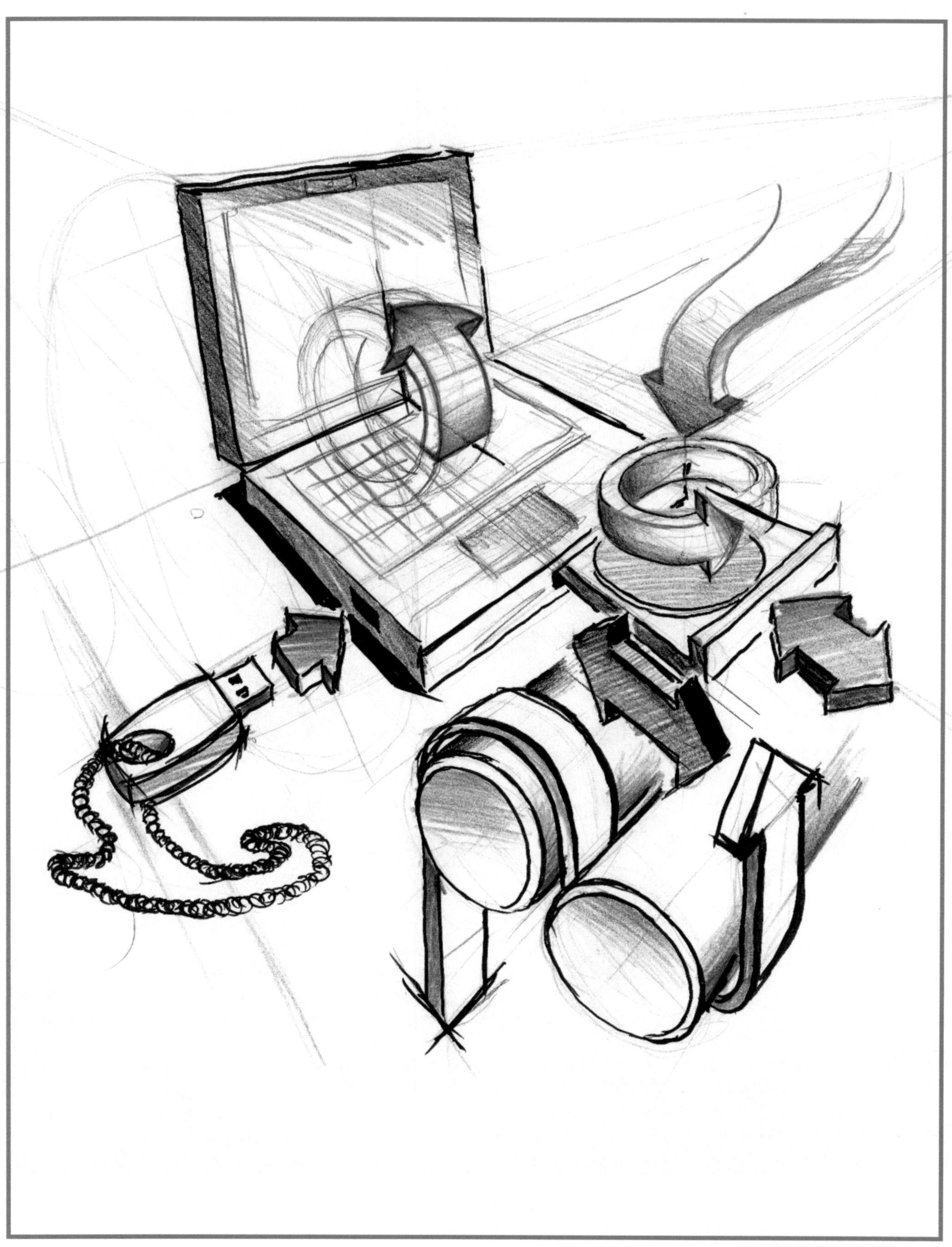

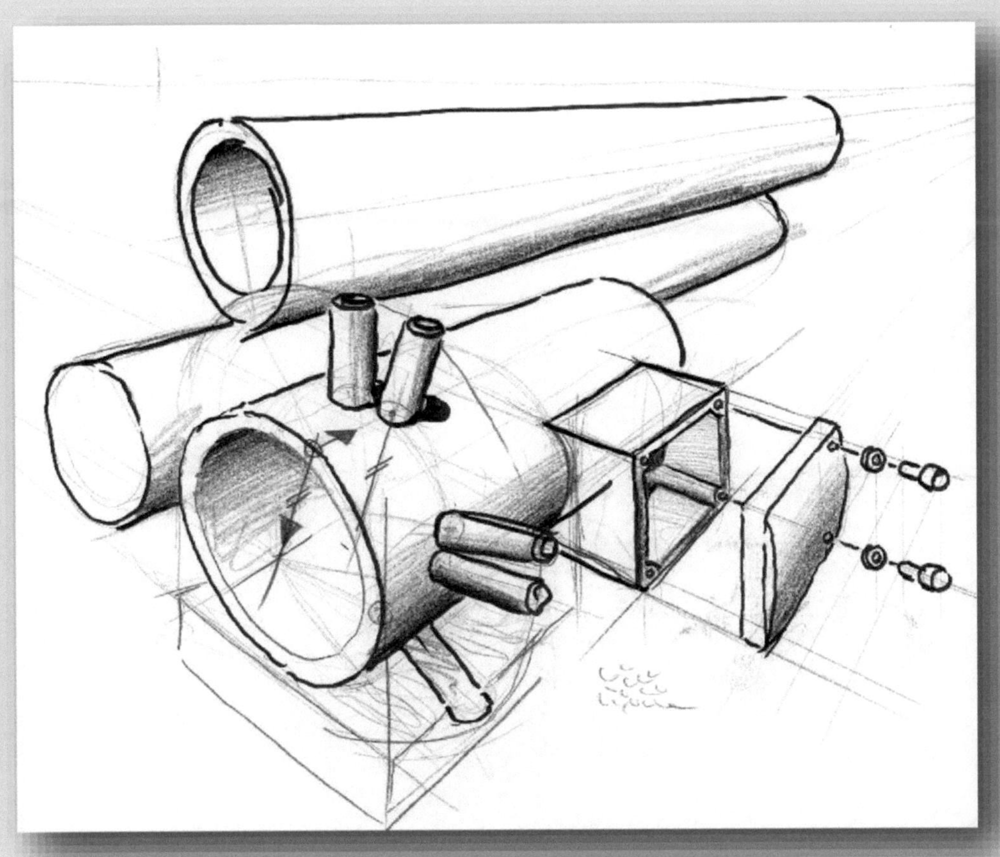

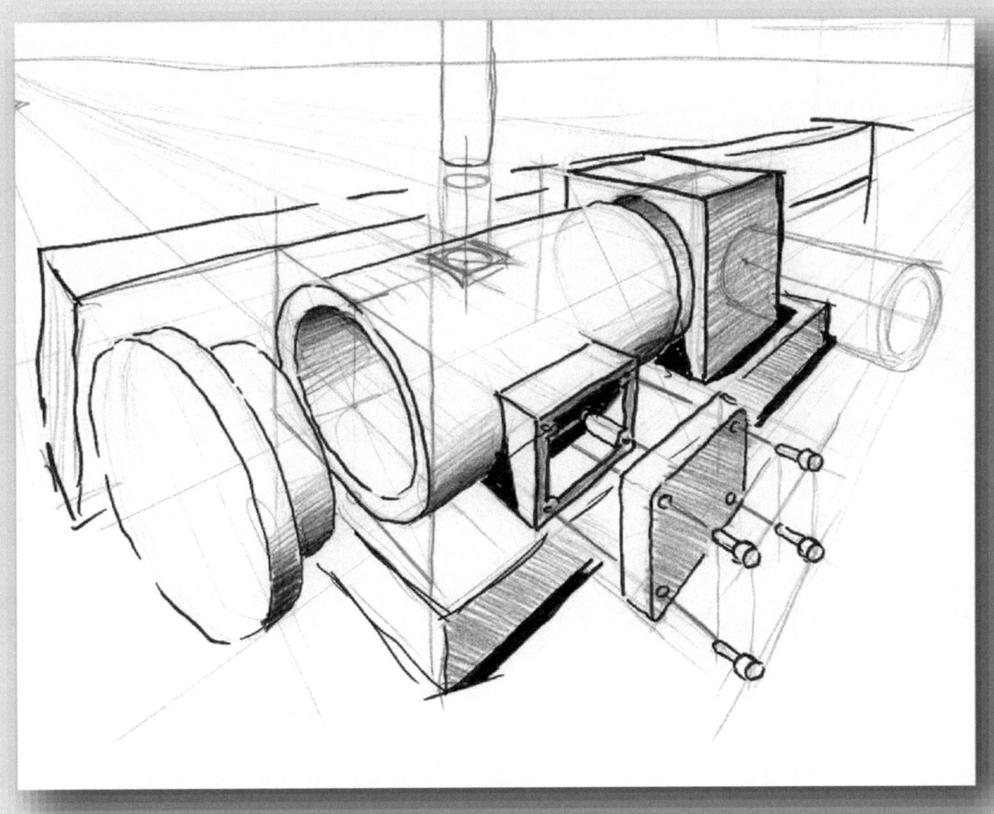

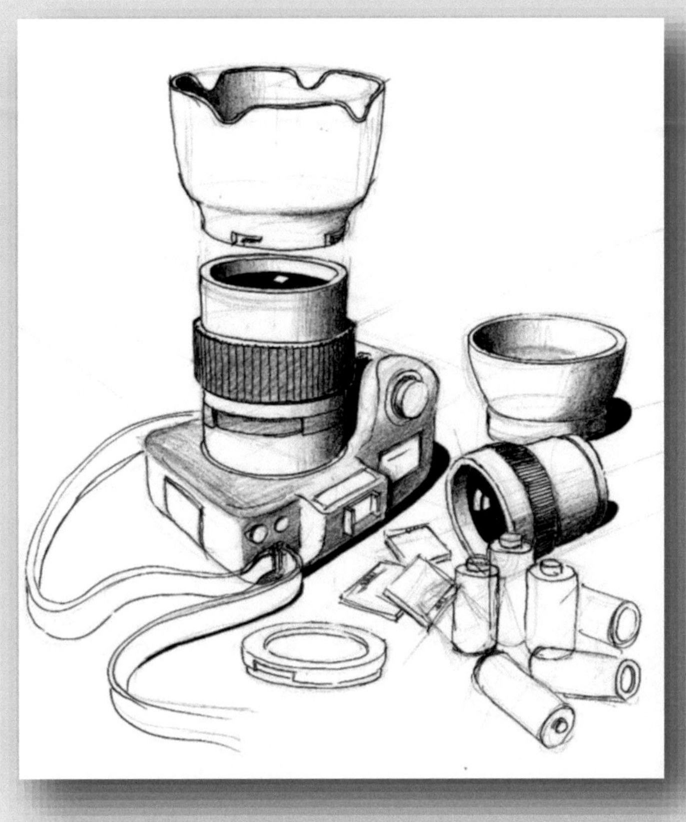

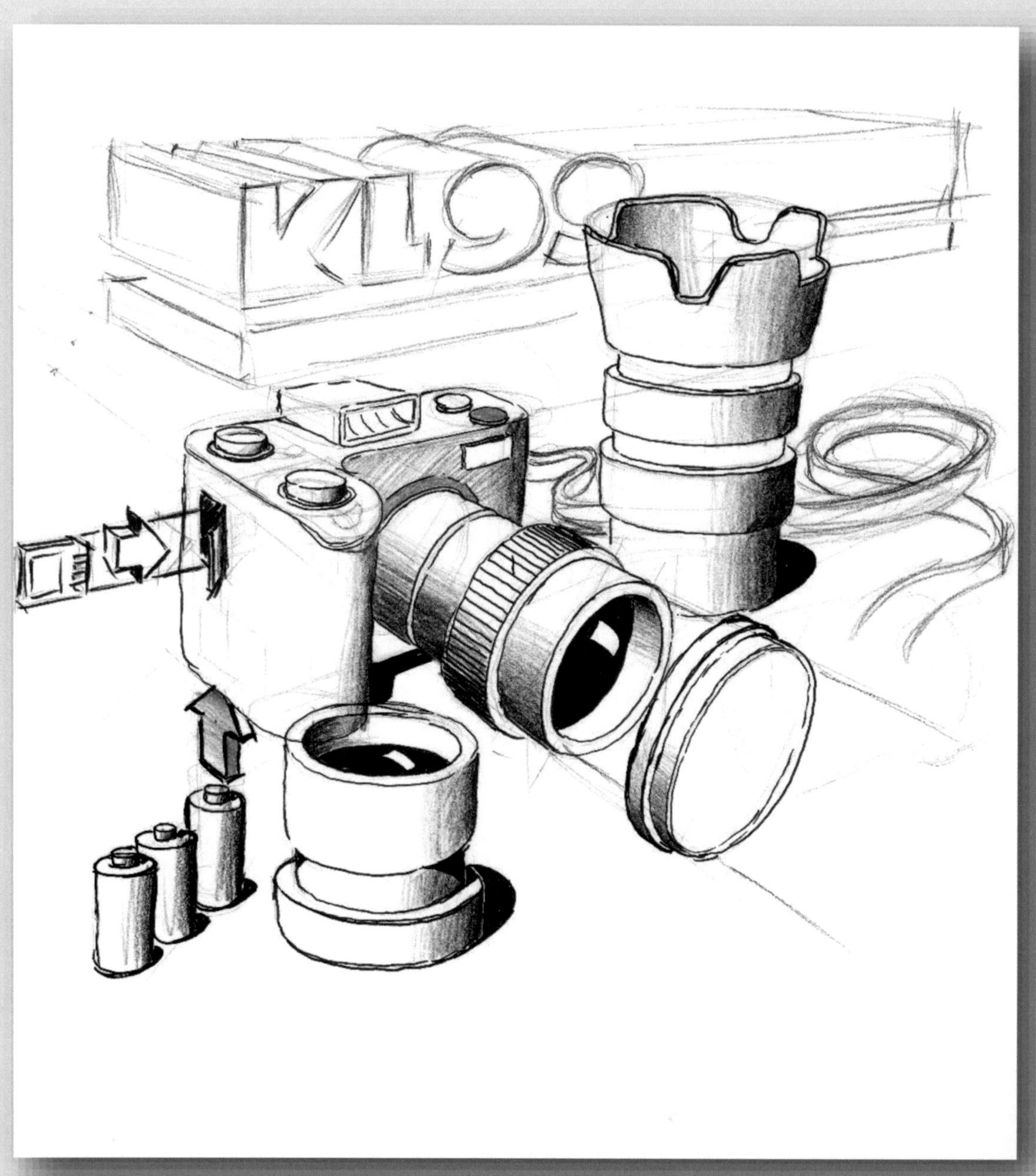

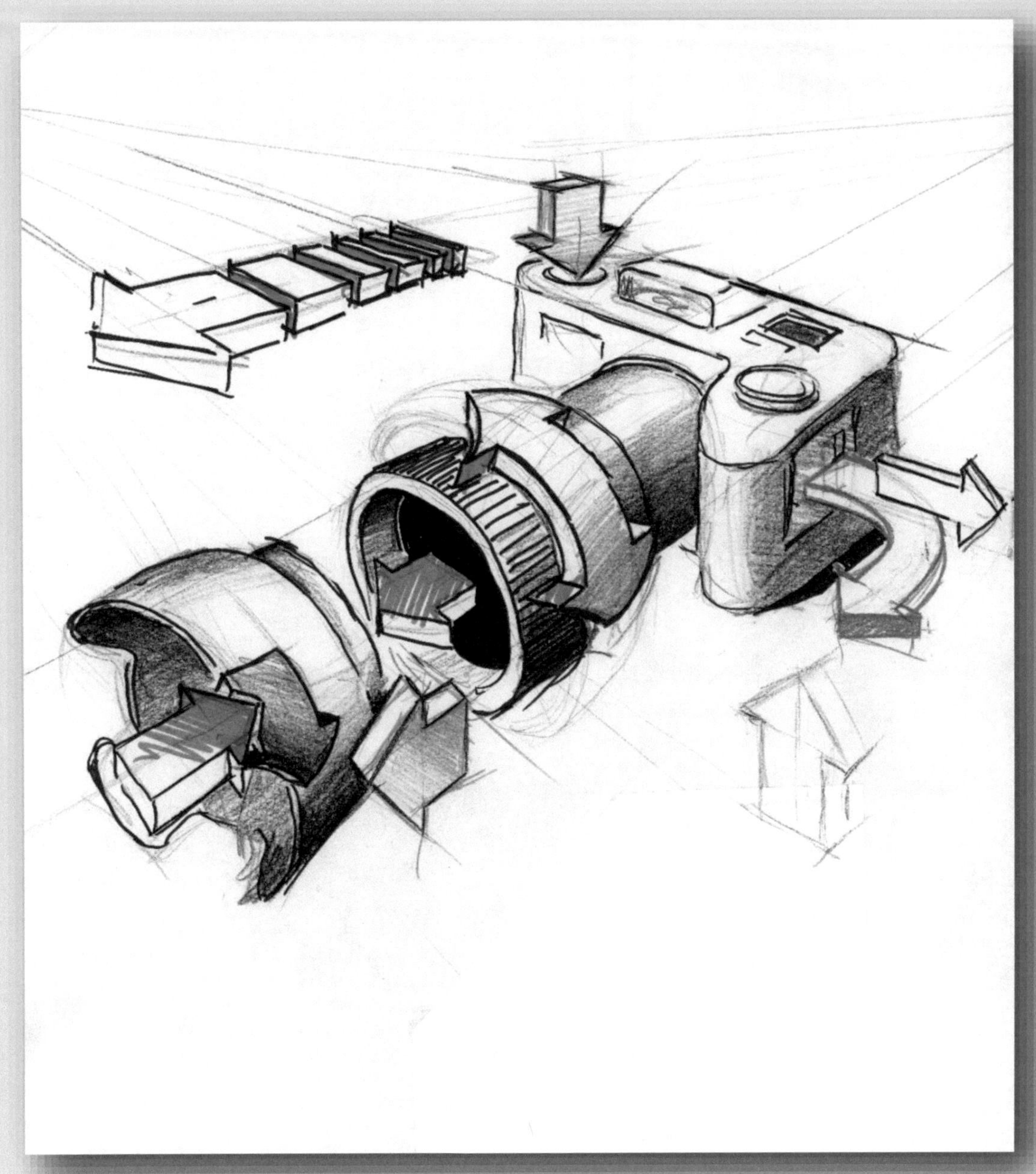

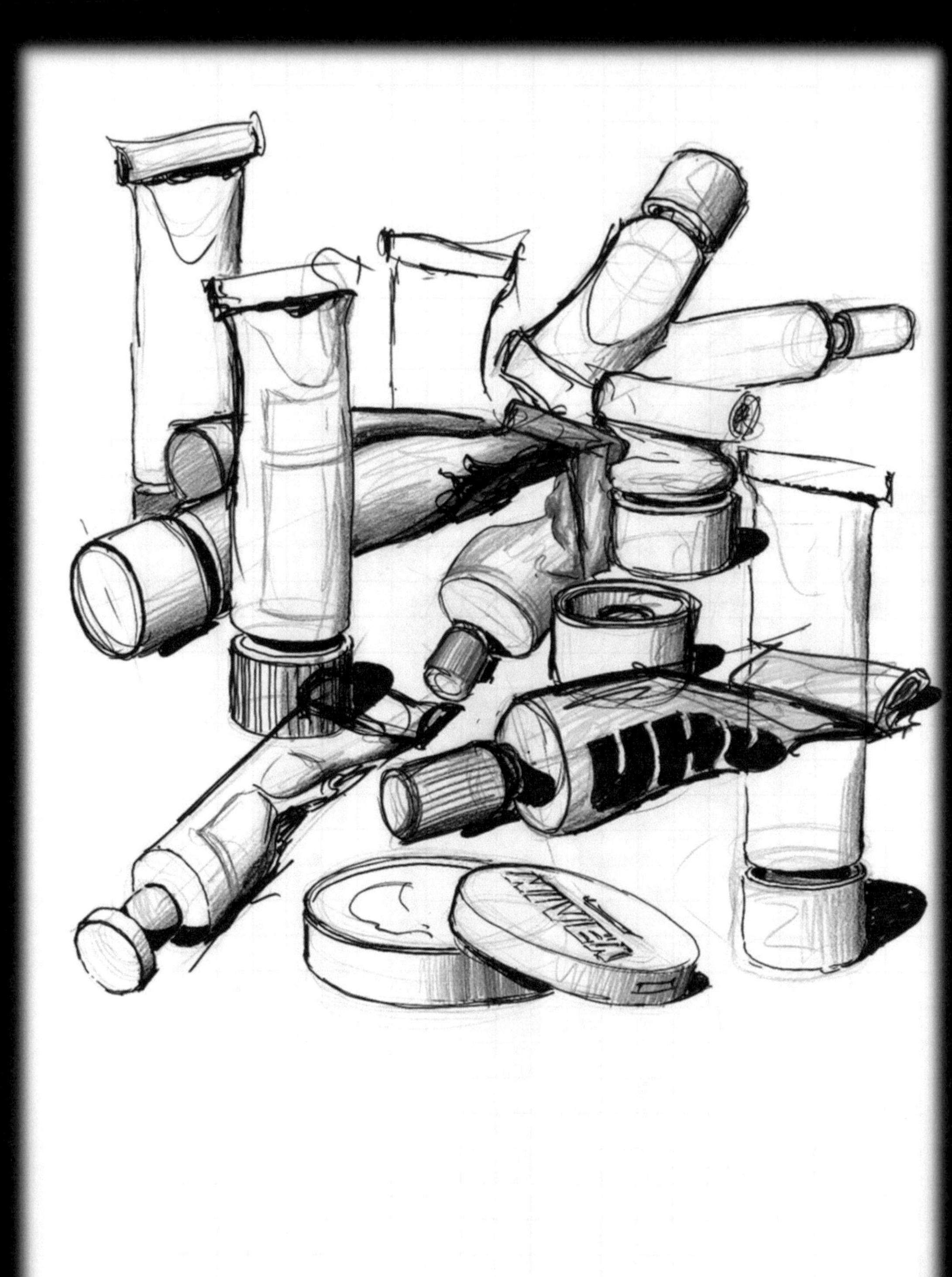
UHU
NIVEA

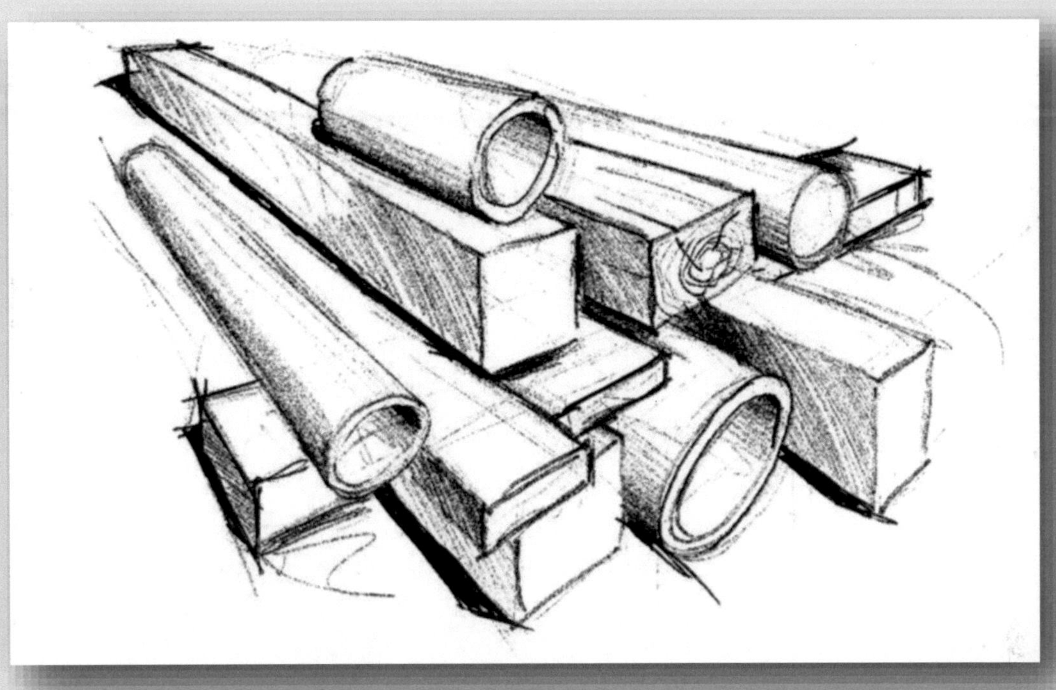

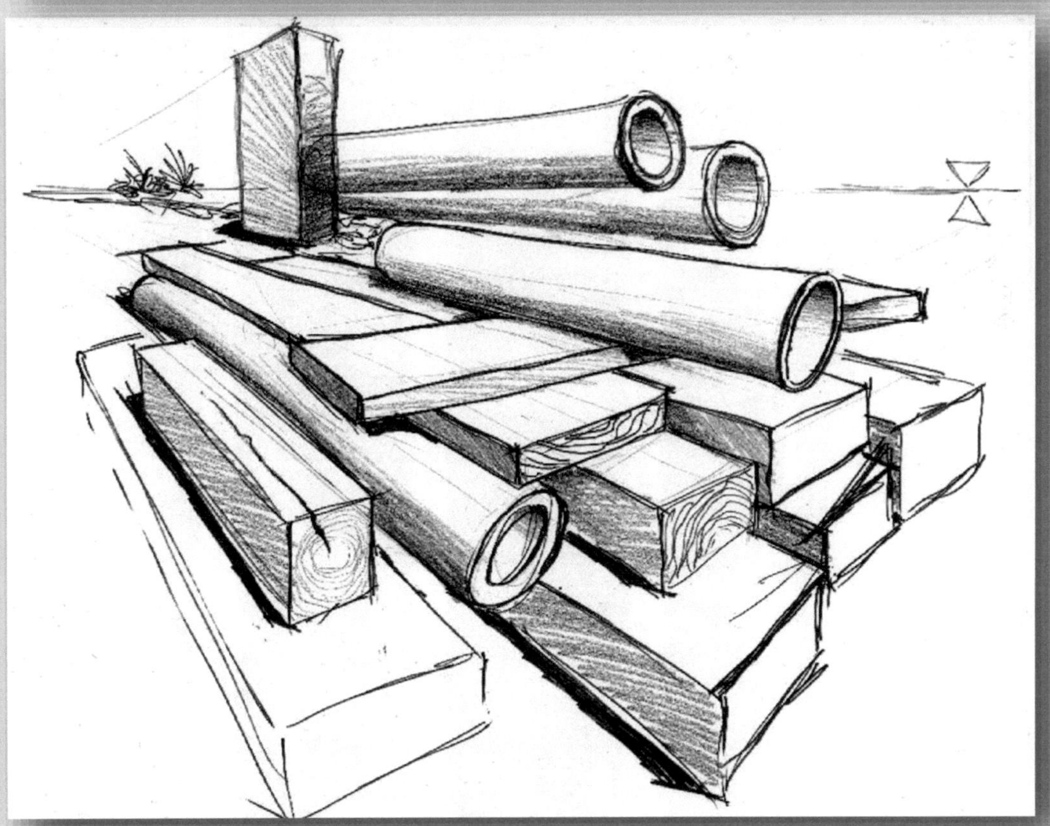

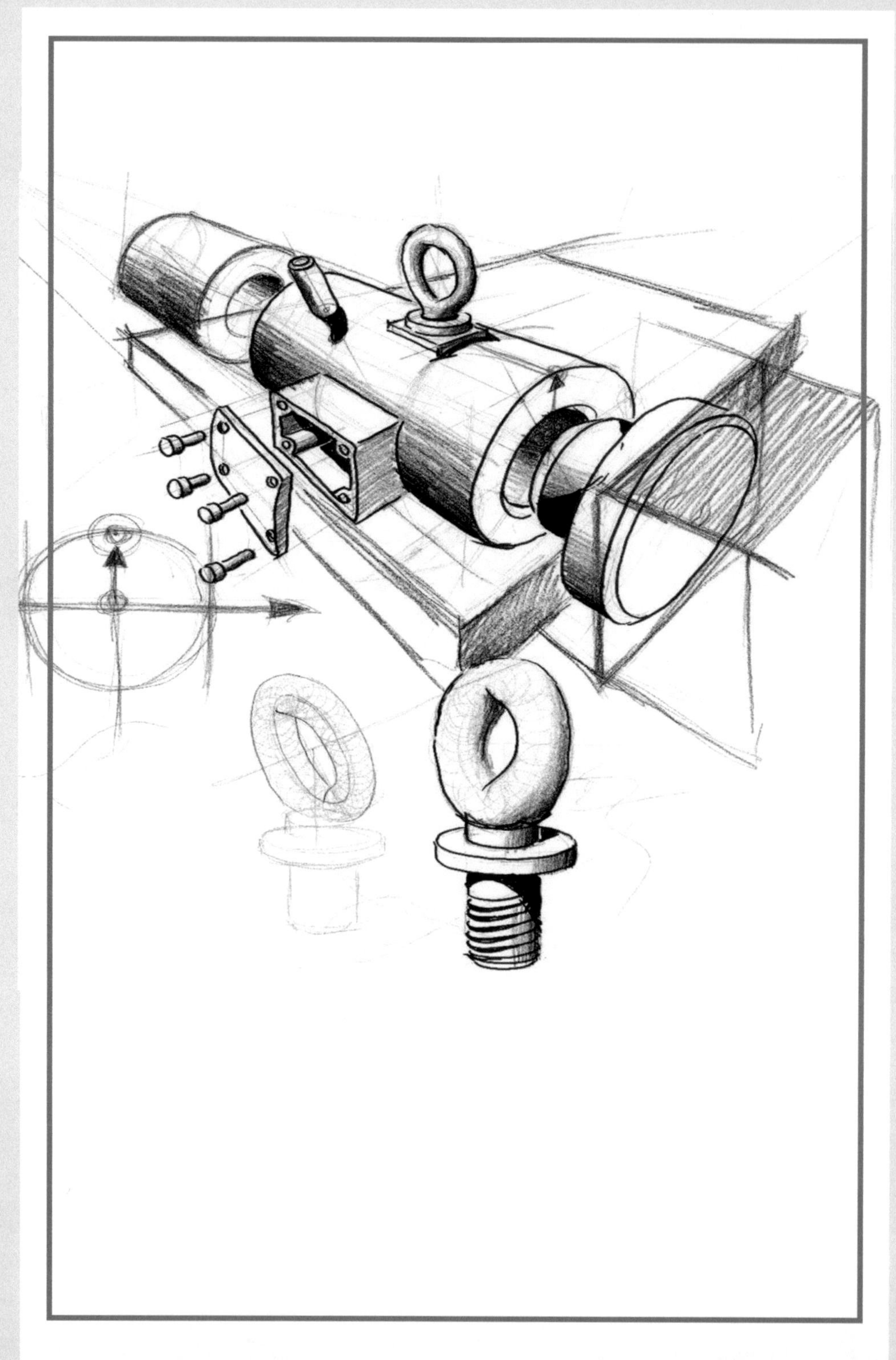

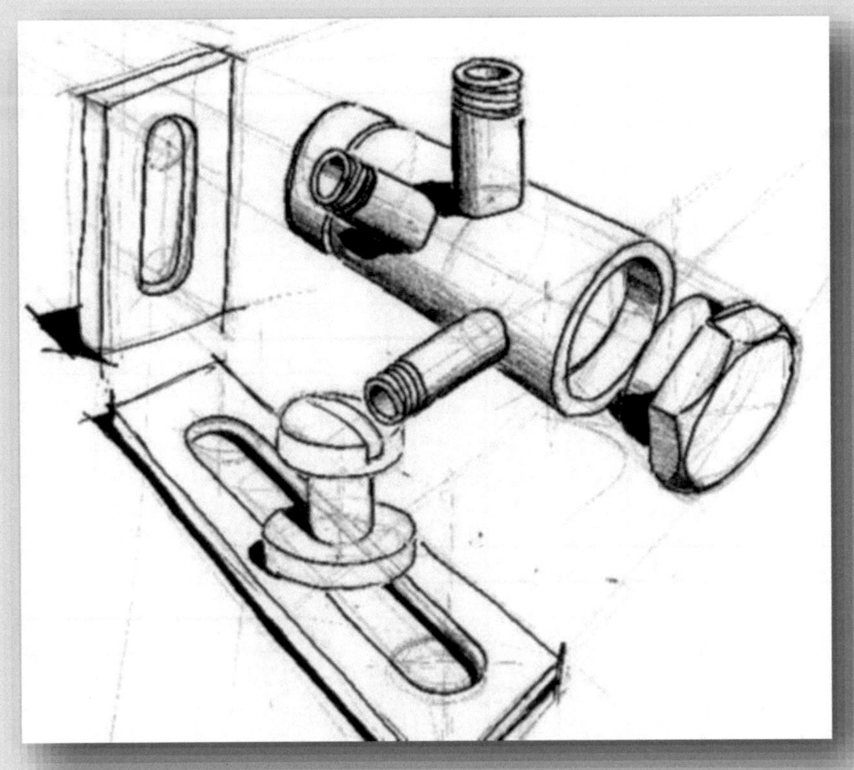

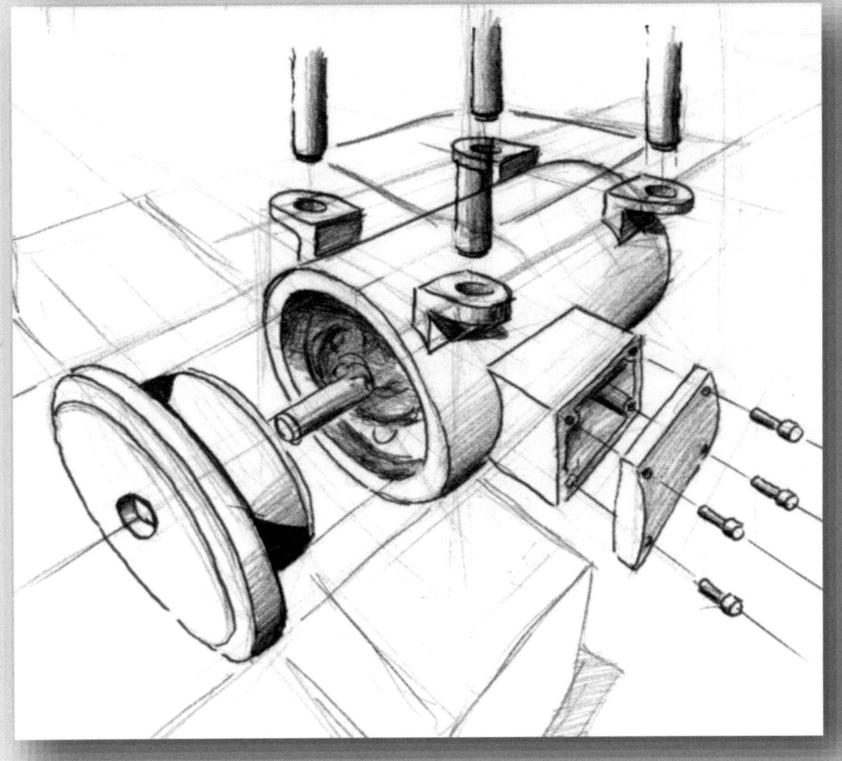

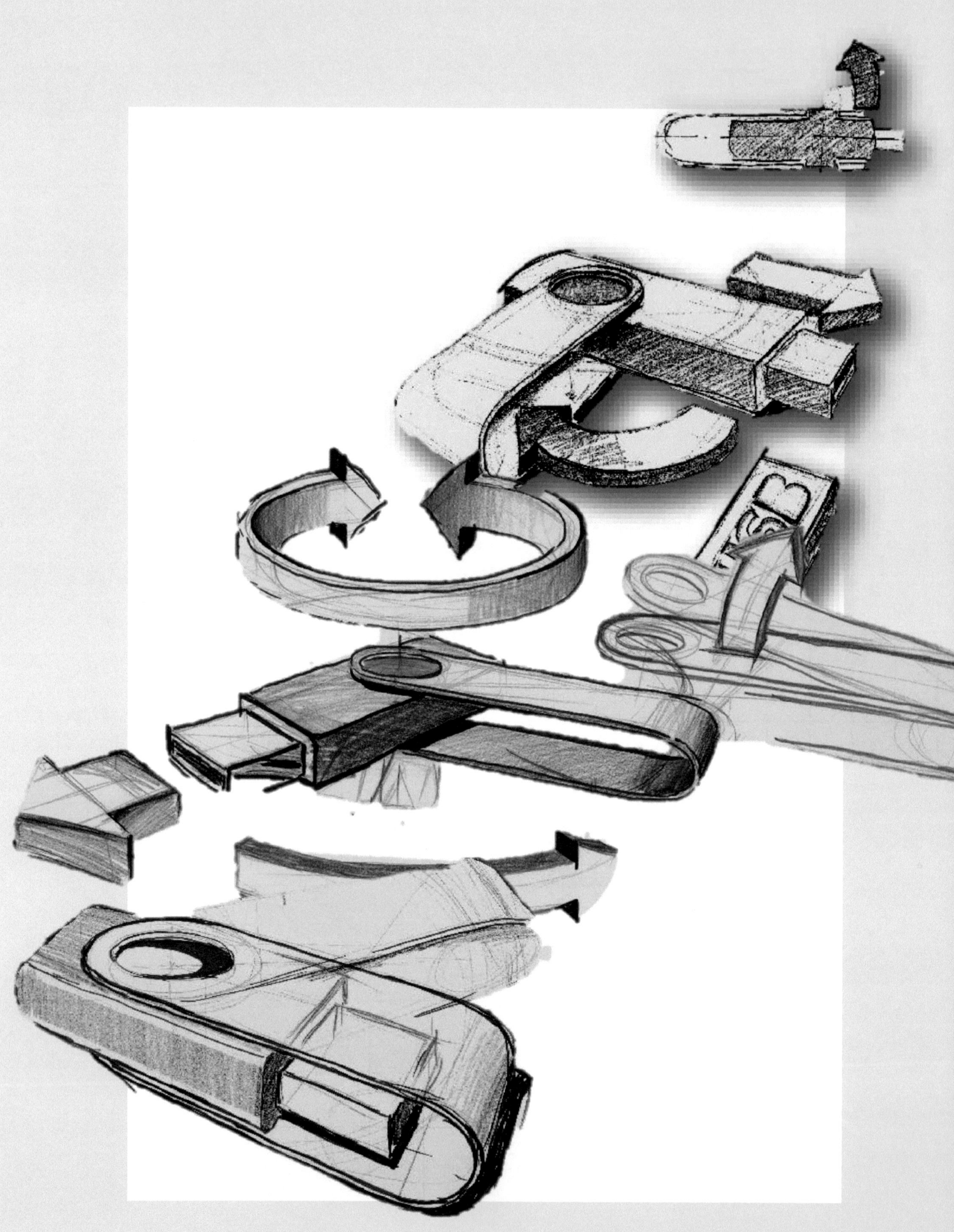

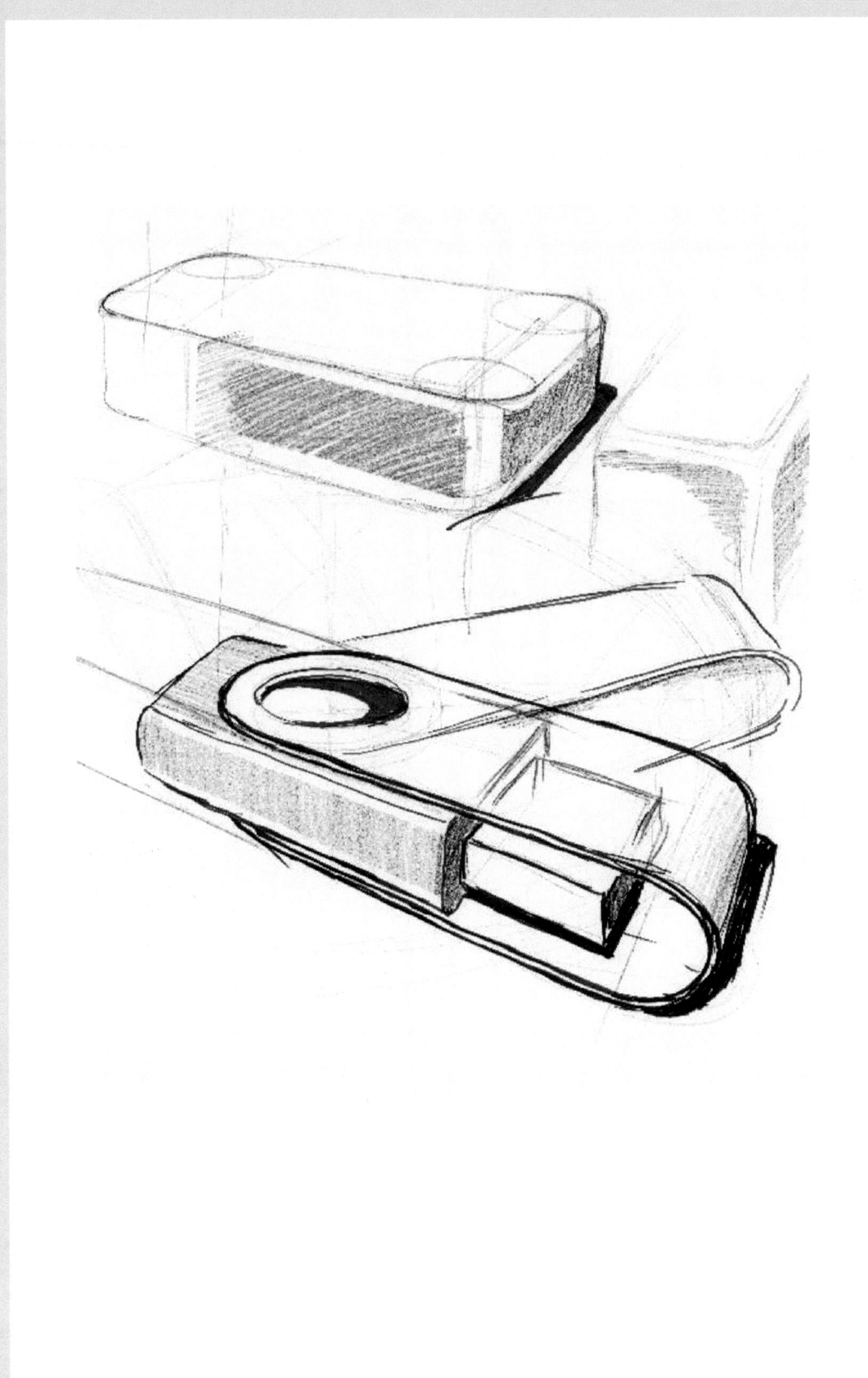

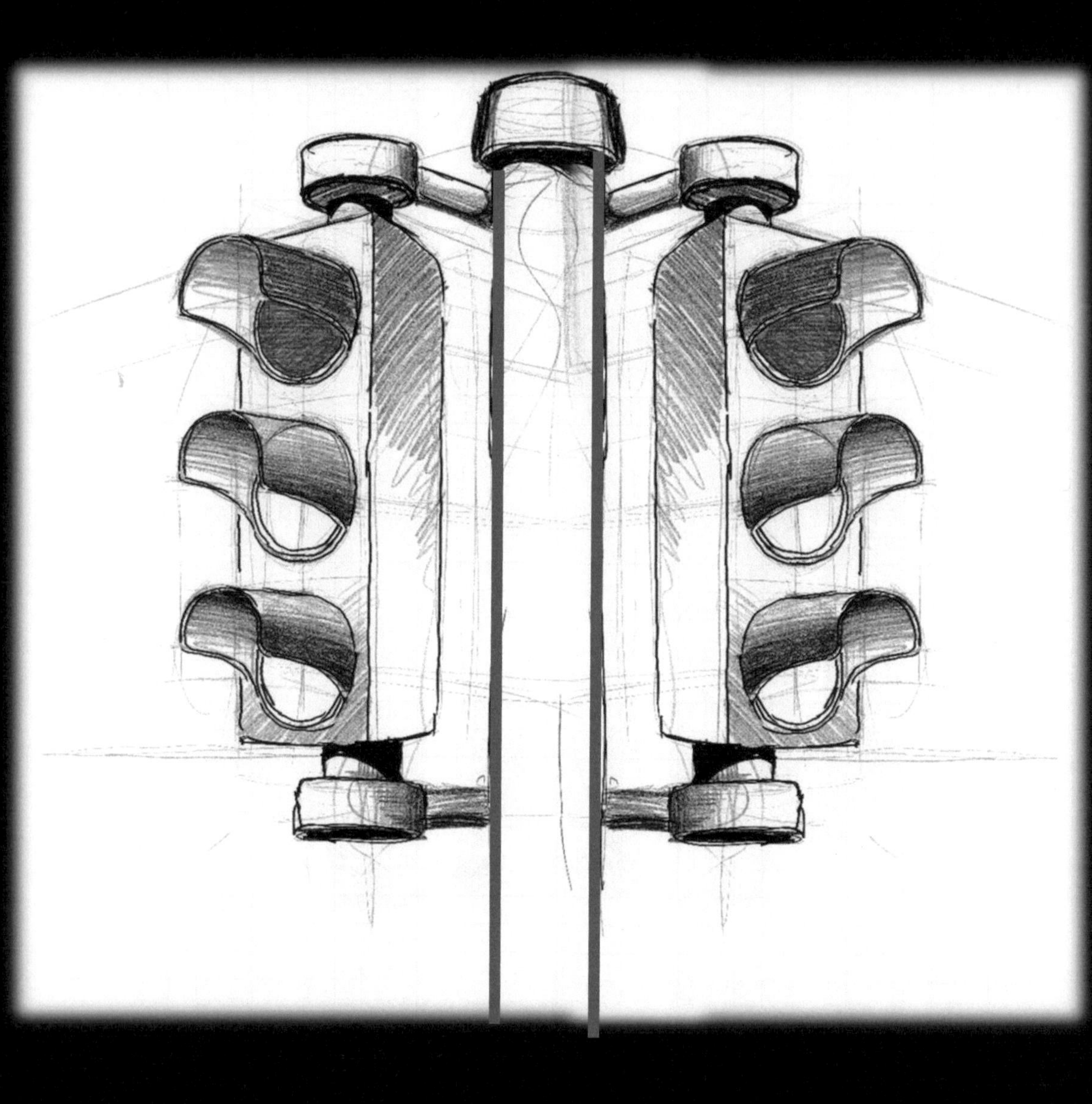

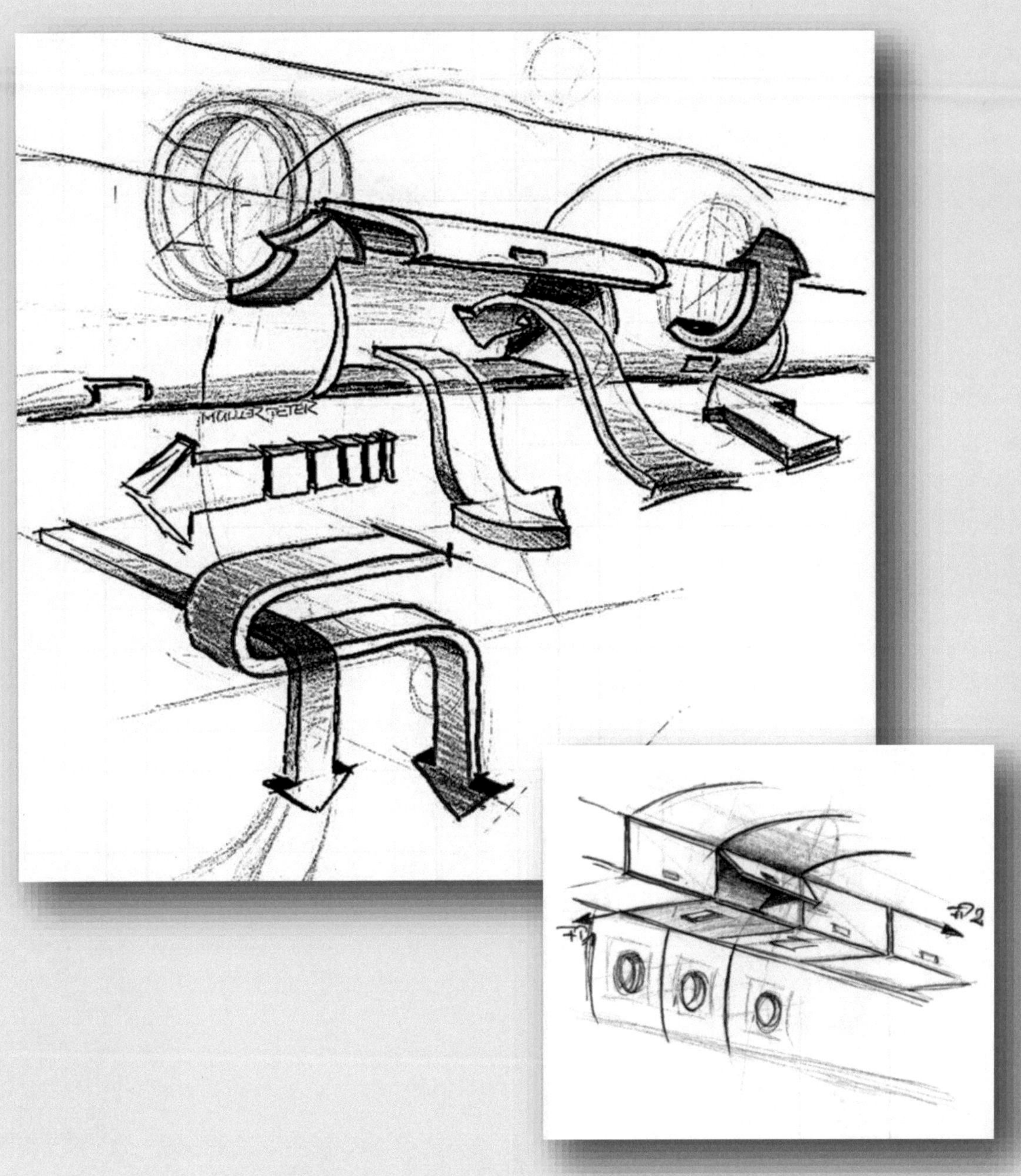

FREIFORM- UND ANDERE, NICHT LINEARE FLÄCHEN

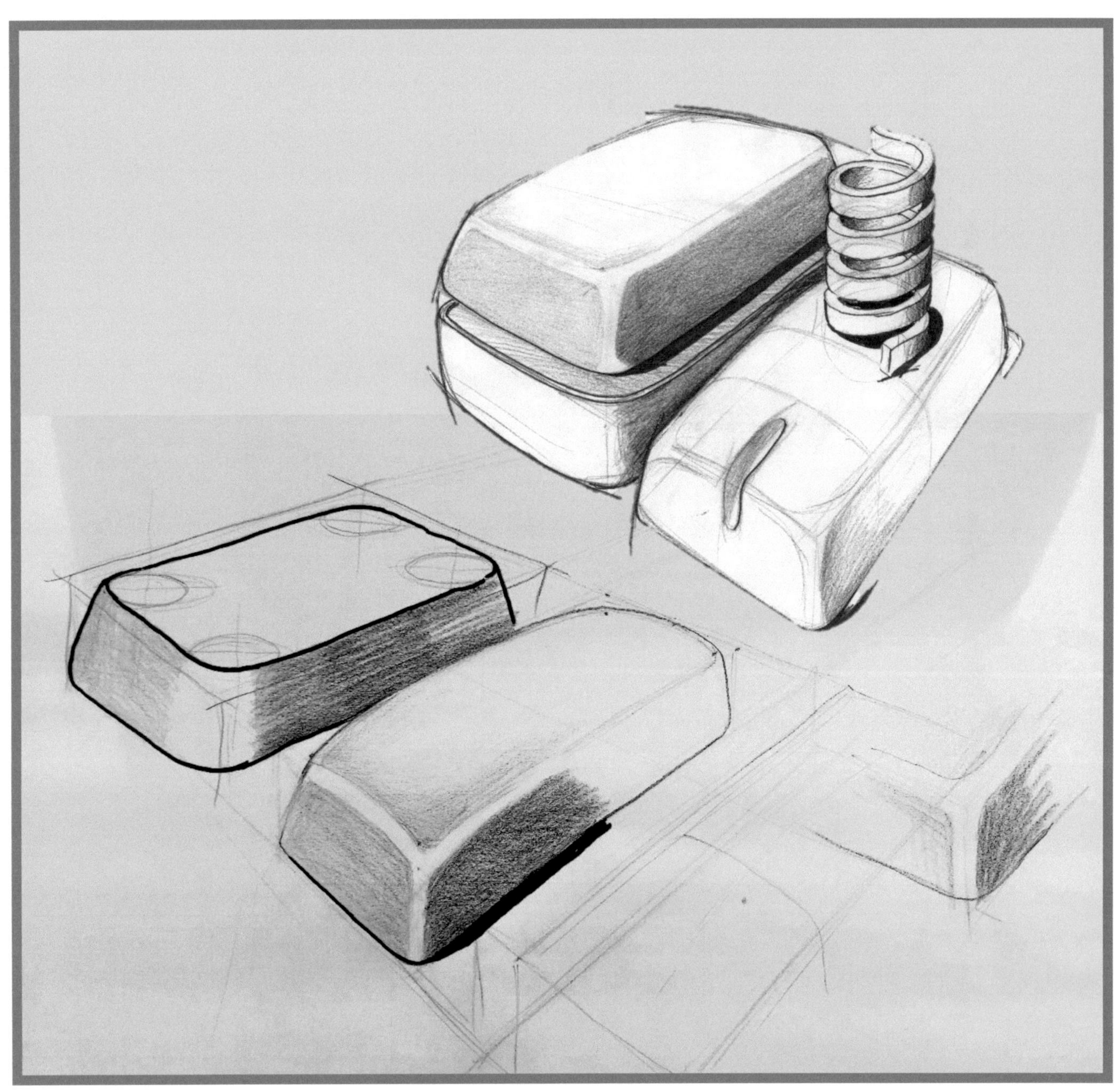

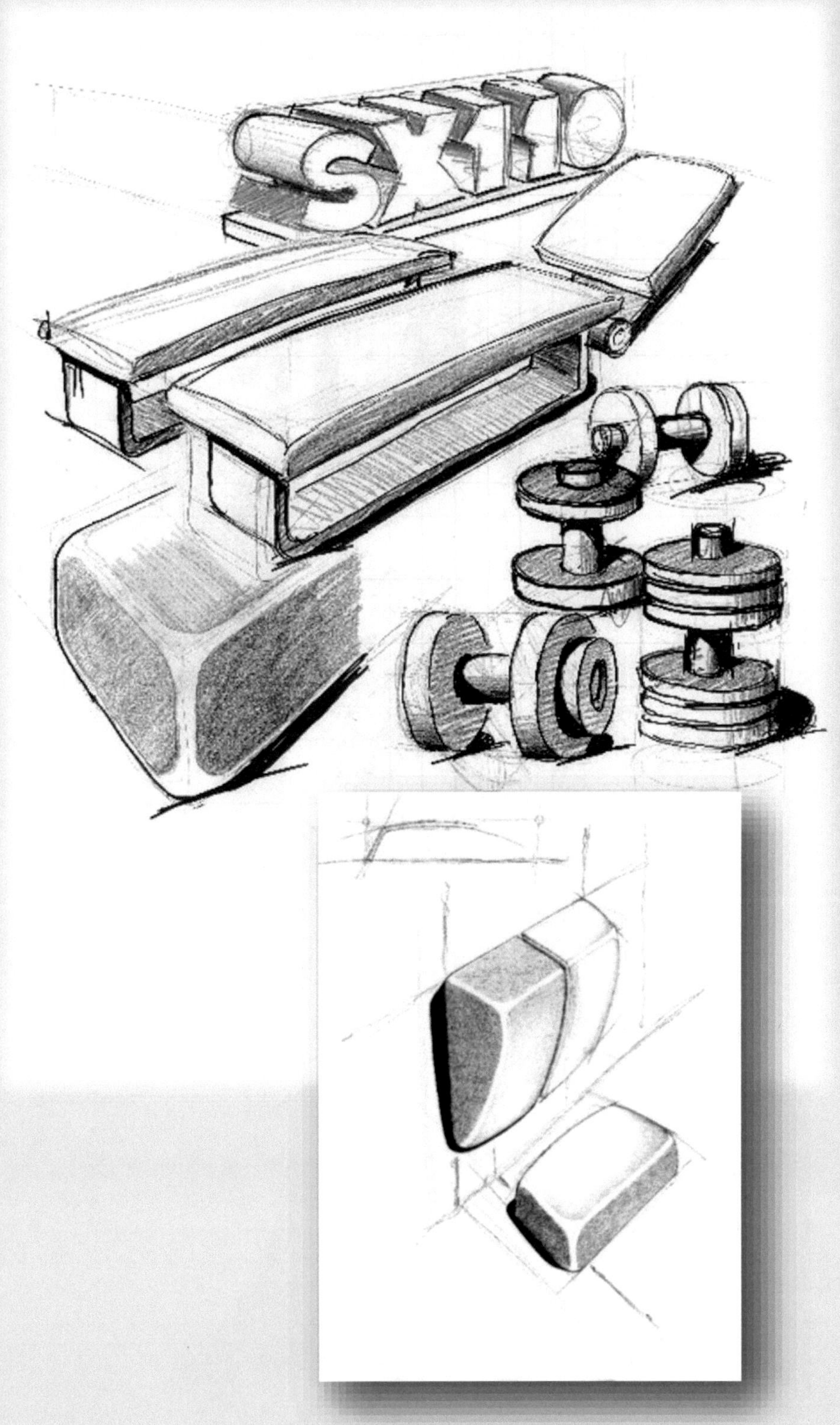

PROZESSE

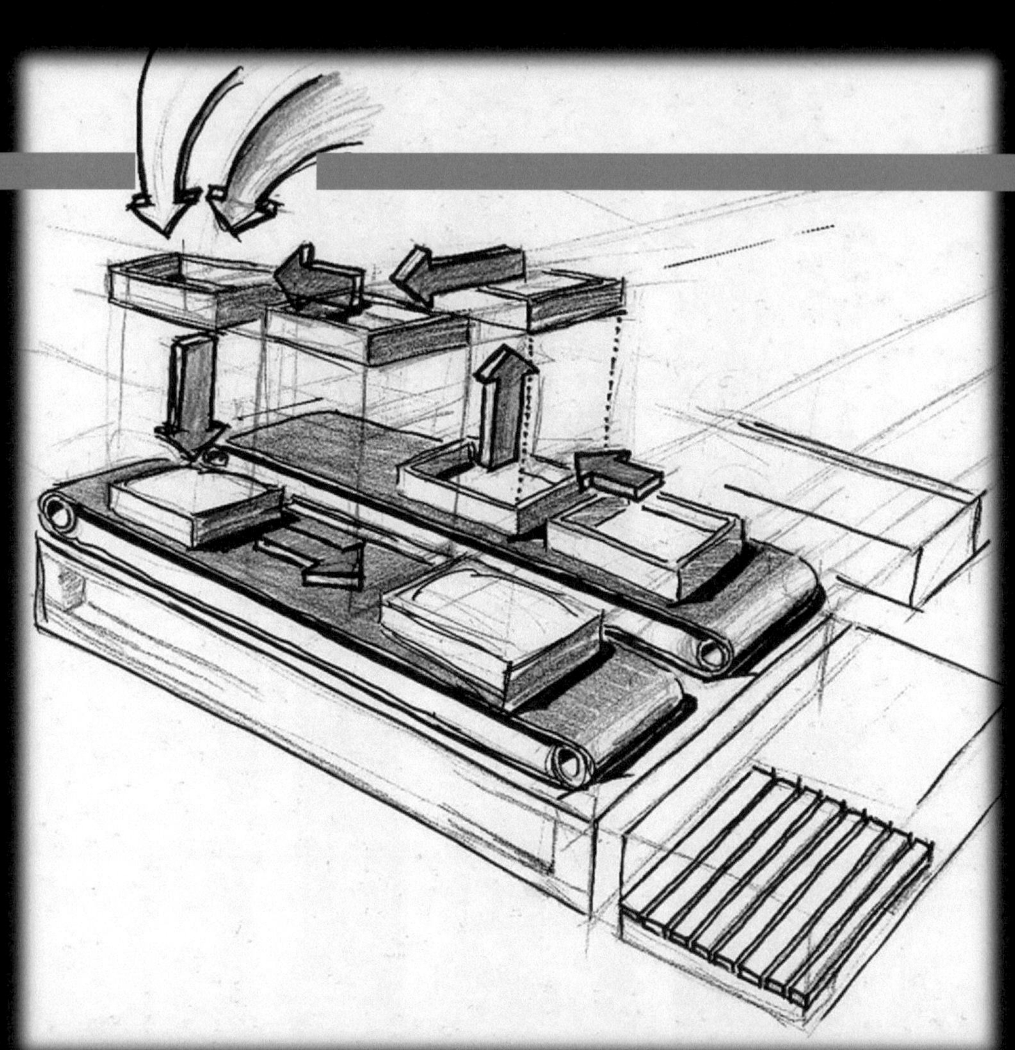

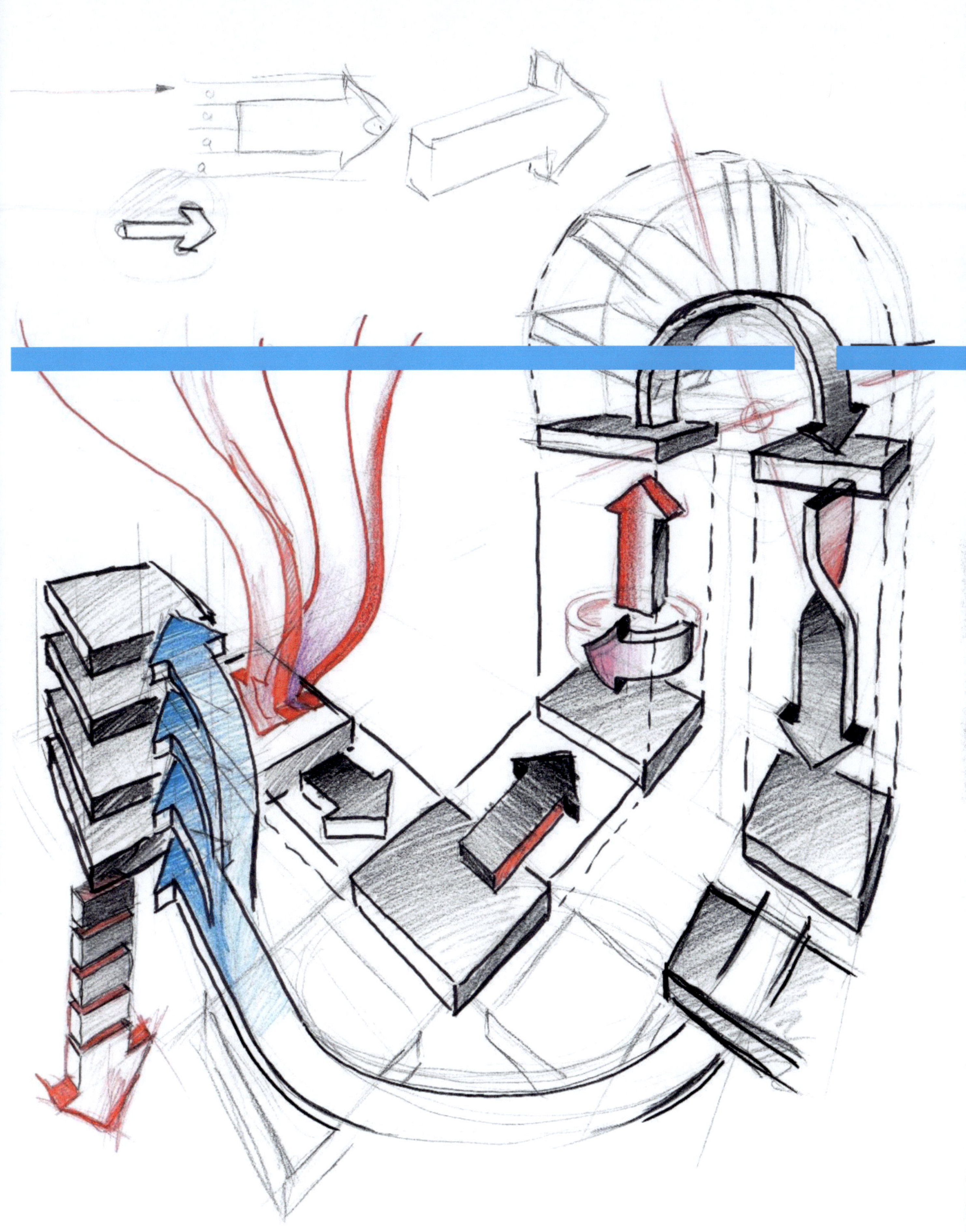

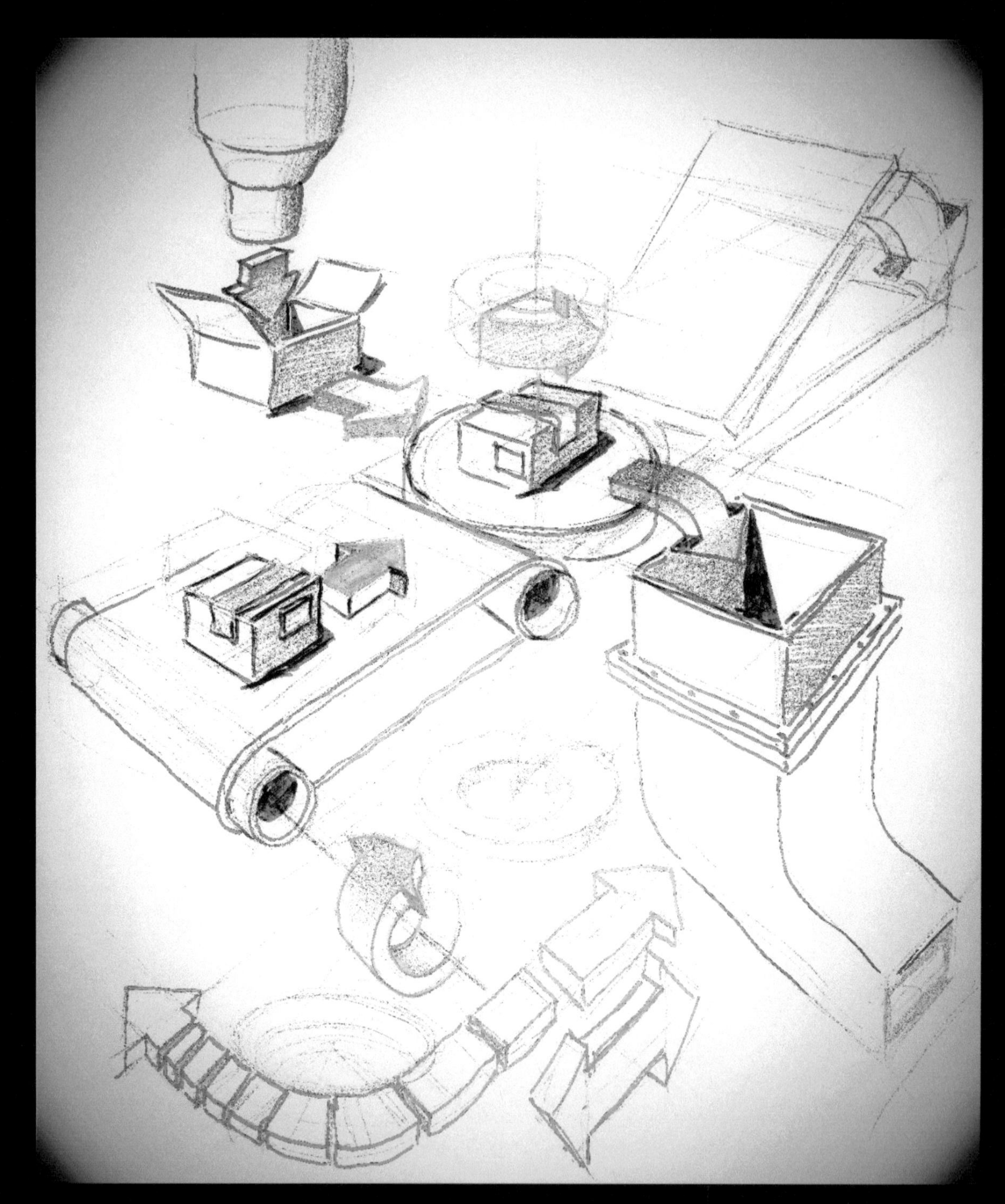

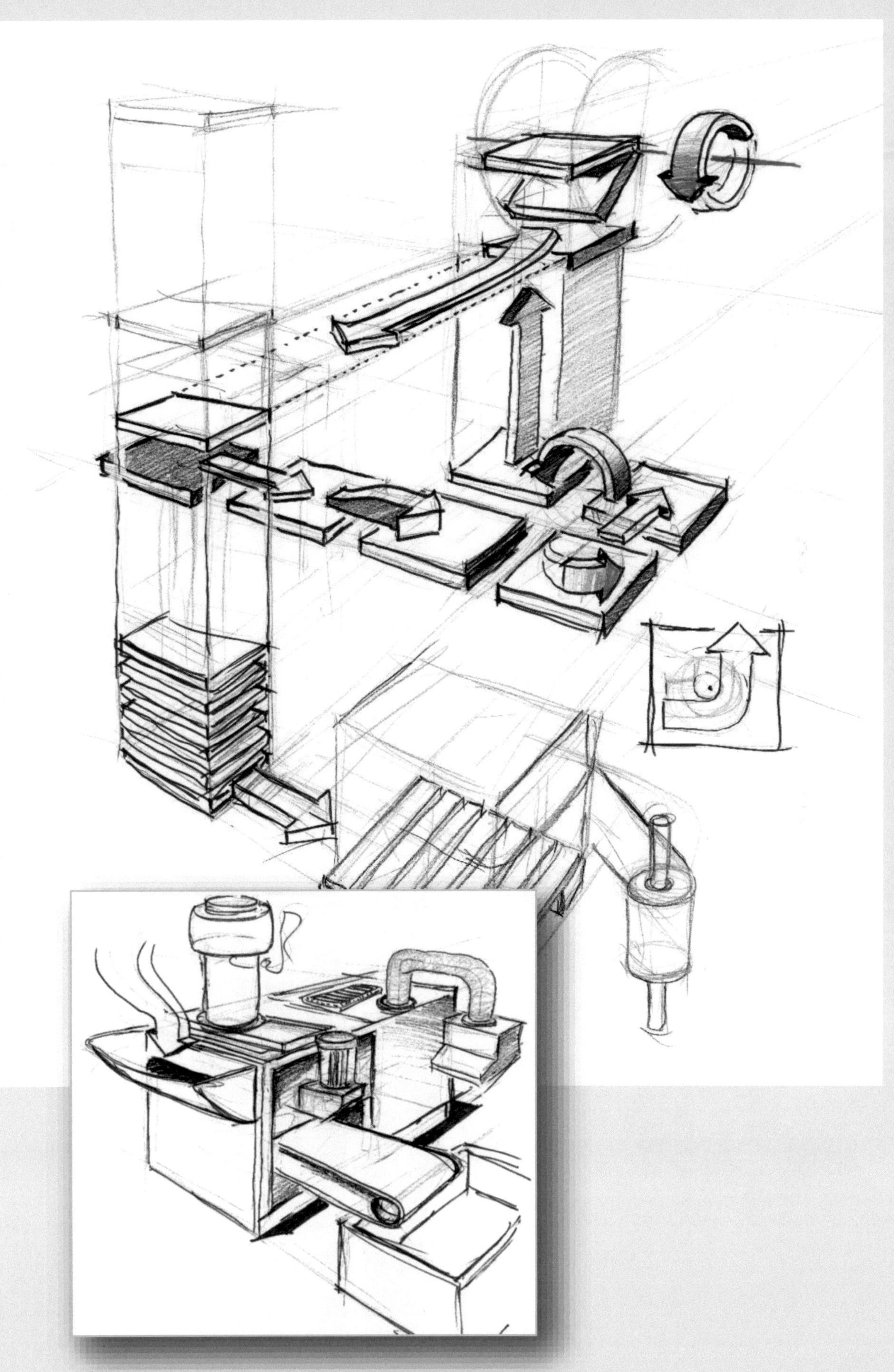

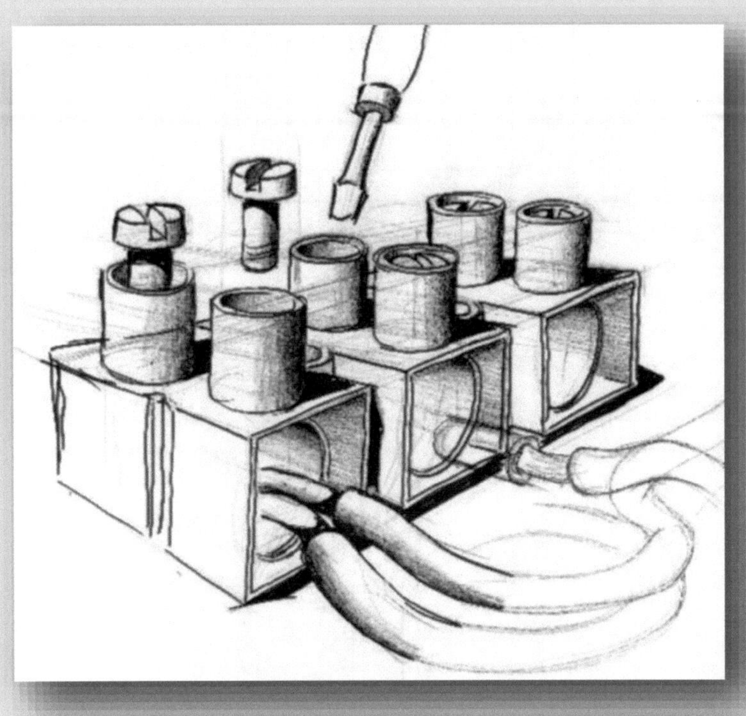

ADDITIVES UND SUBTRAKTIVES MODELLIEREN

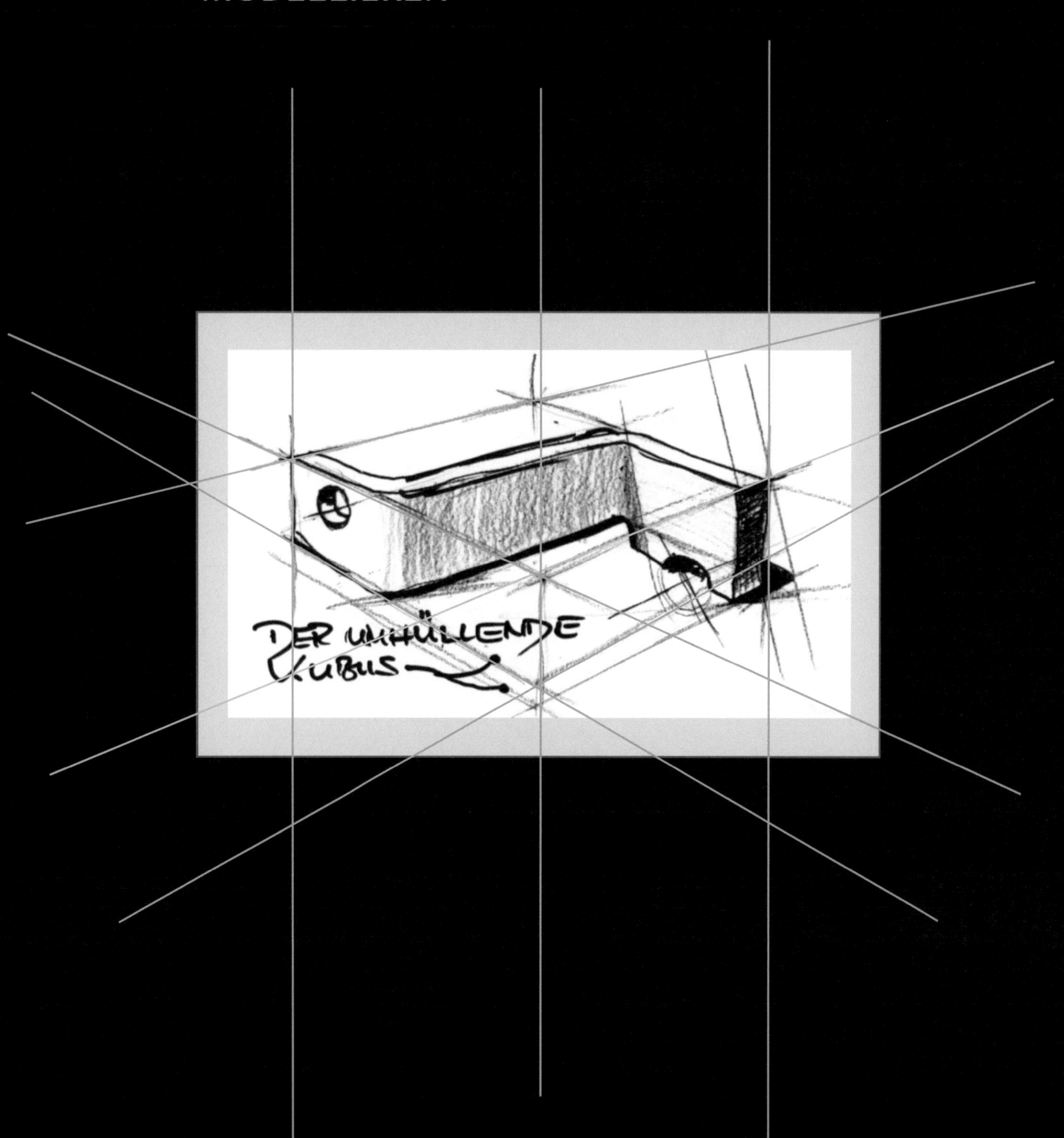

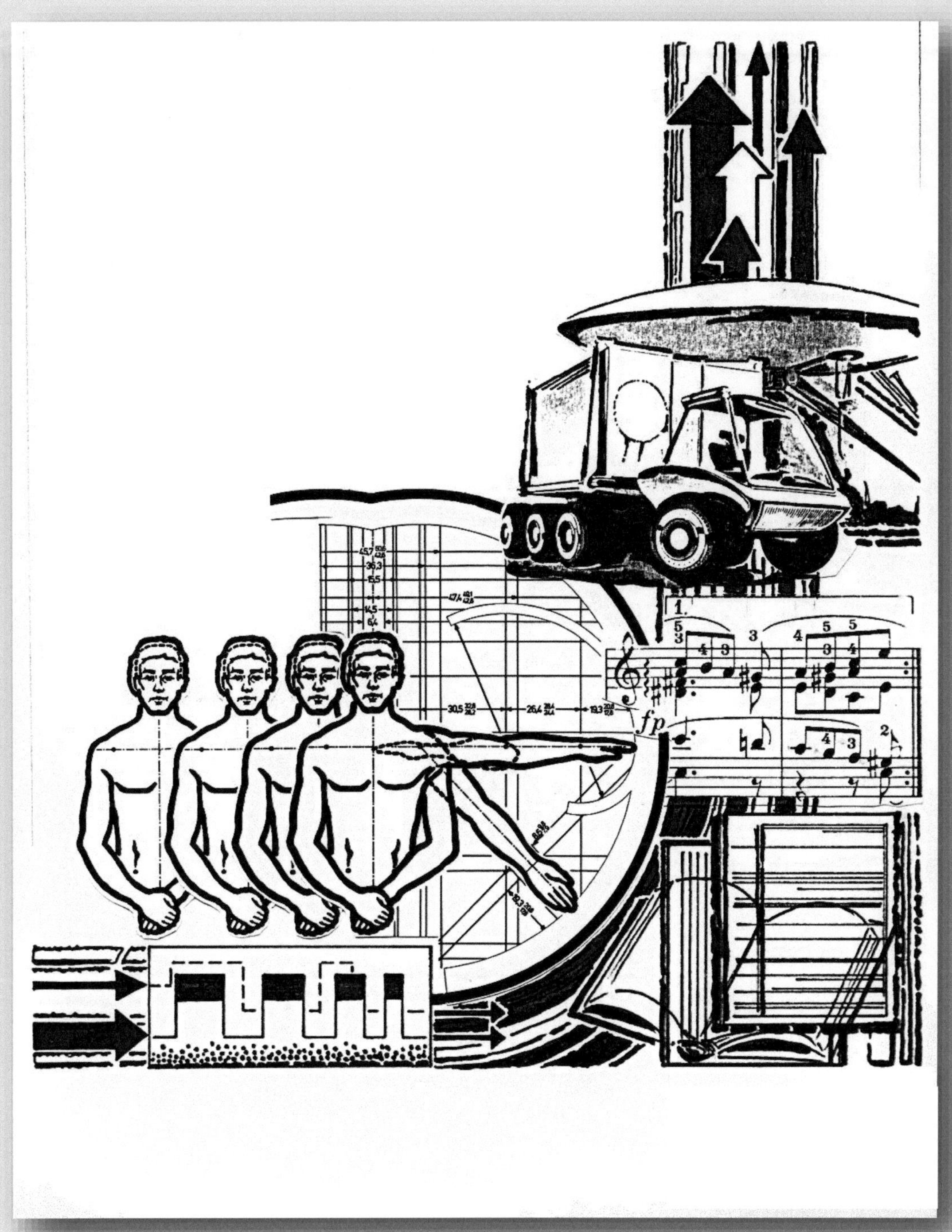

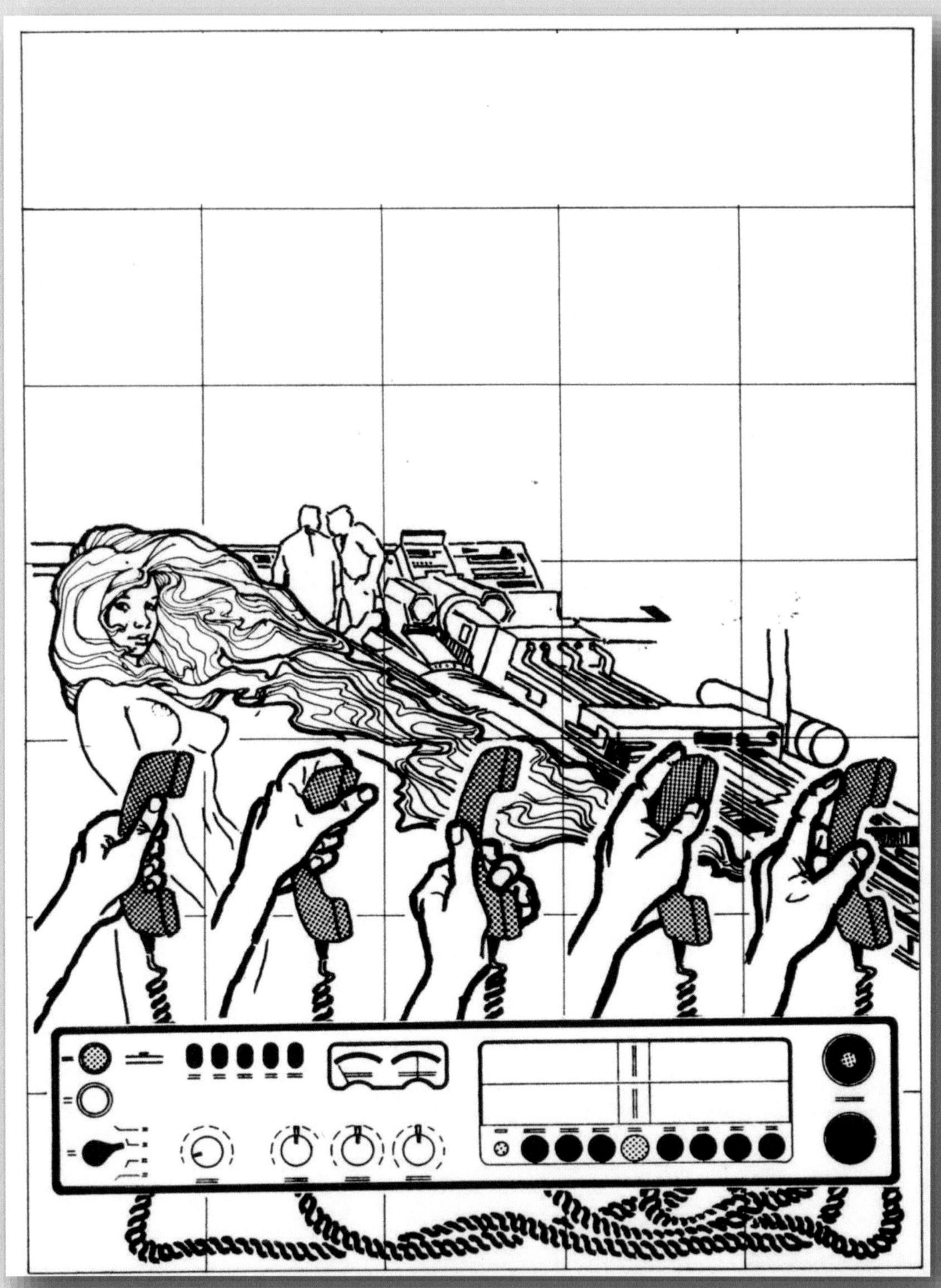

Löcher oder Steine
statt runder Löcher andere Profile durch Elektro-Erosion

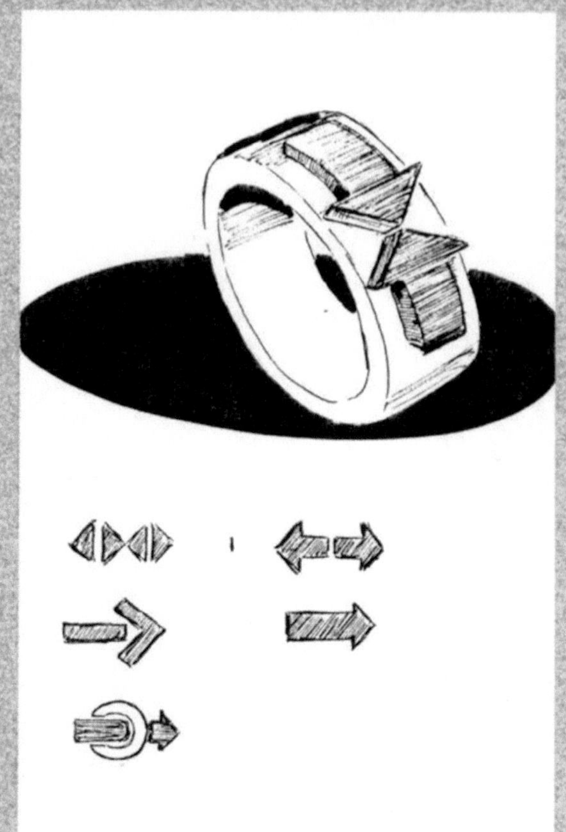

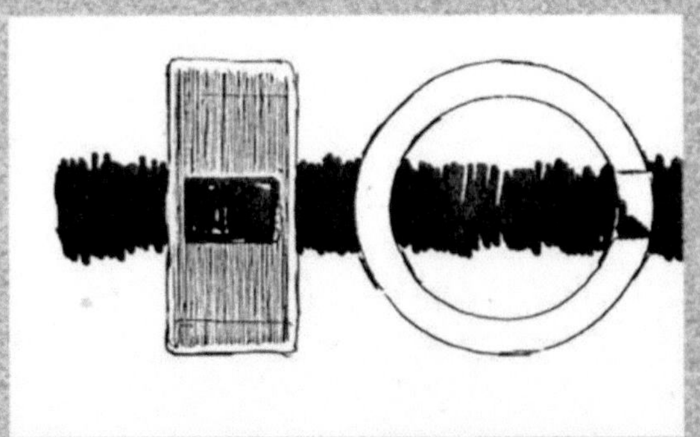

Einsatz von Glas
Alt. → Ring ganz aus Glas (Profil) mit Einsatz aus Metall.
Alt. → schwarz (schwarz verchromt oder...

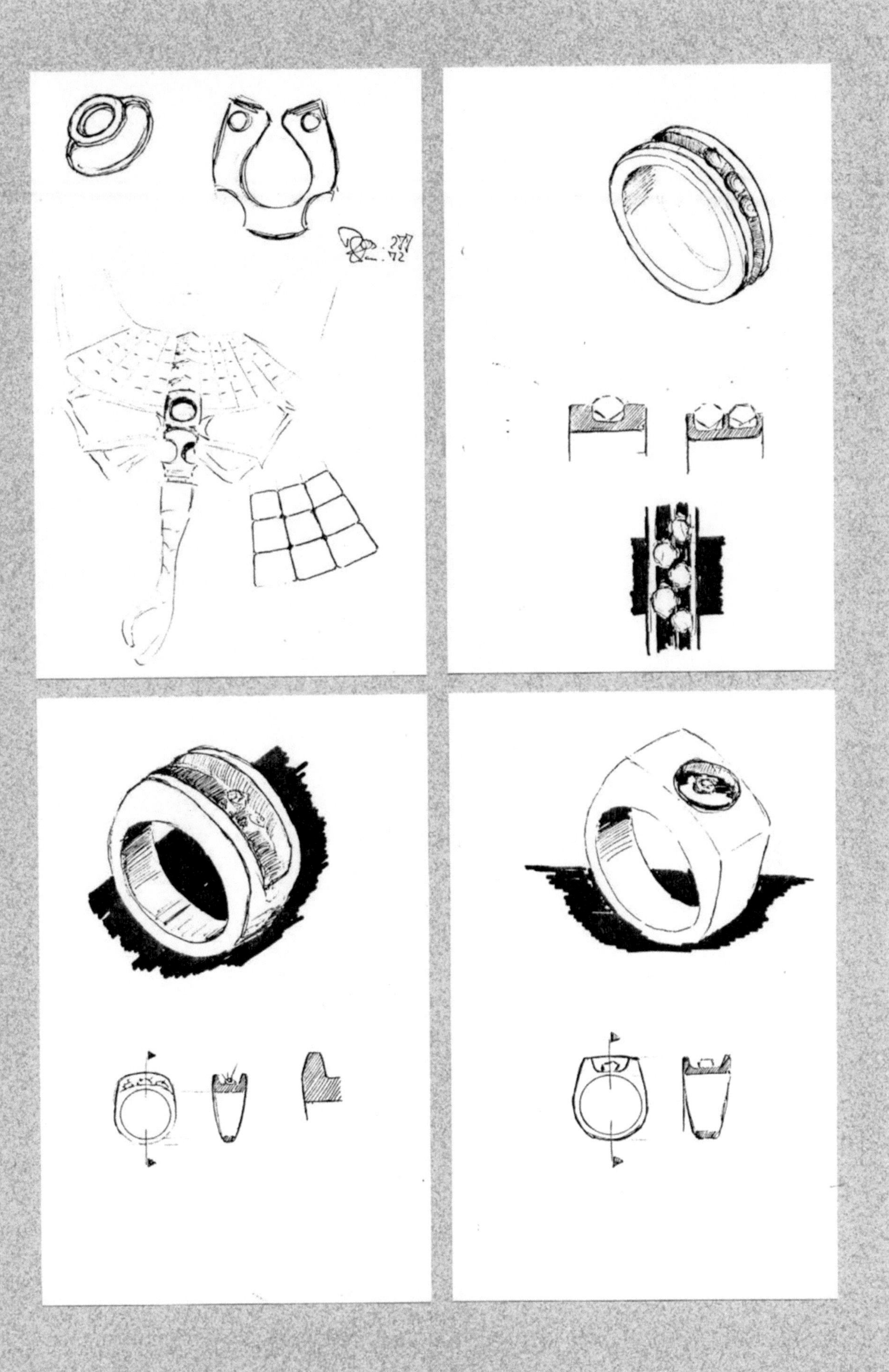

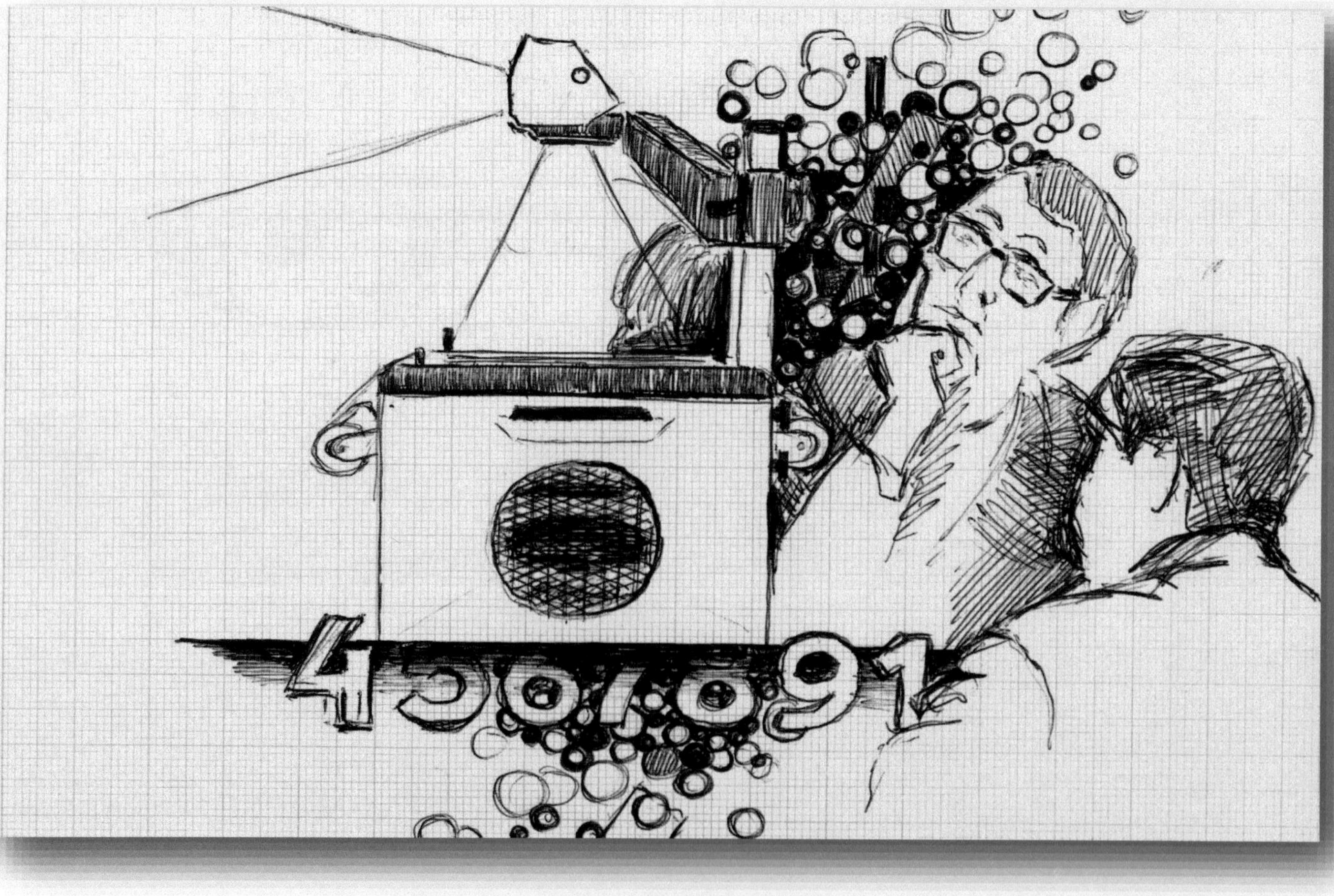

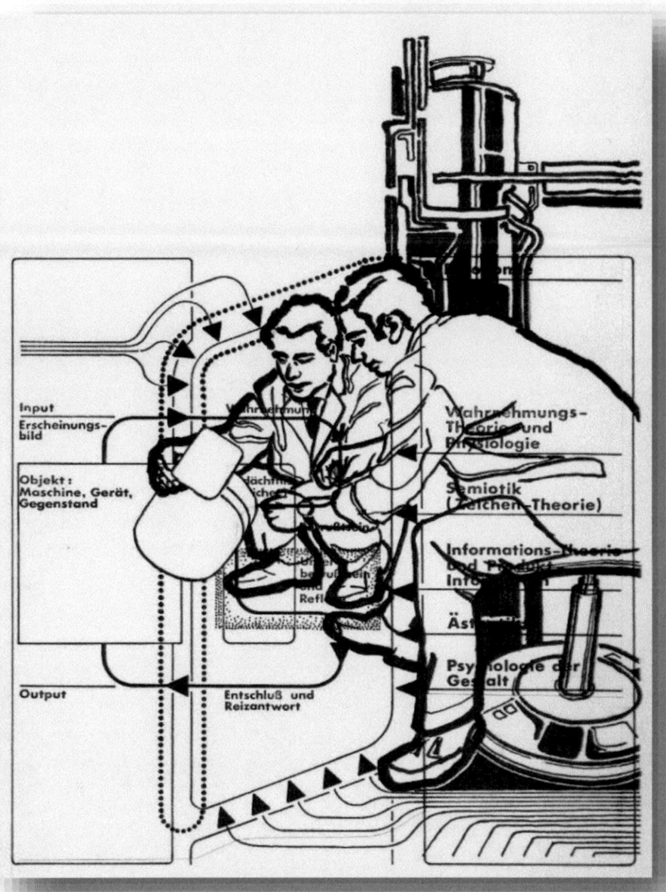
Input
Erscheinungs-bild
Objekt: Maschine, Gerät, Gegenstand
Output
Entschluß und Reizantwort
Semiotik
Psychologie der Gestalt

KOLLEKTOR'
DONATOR'
AKZEPTOR'

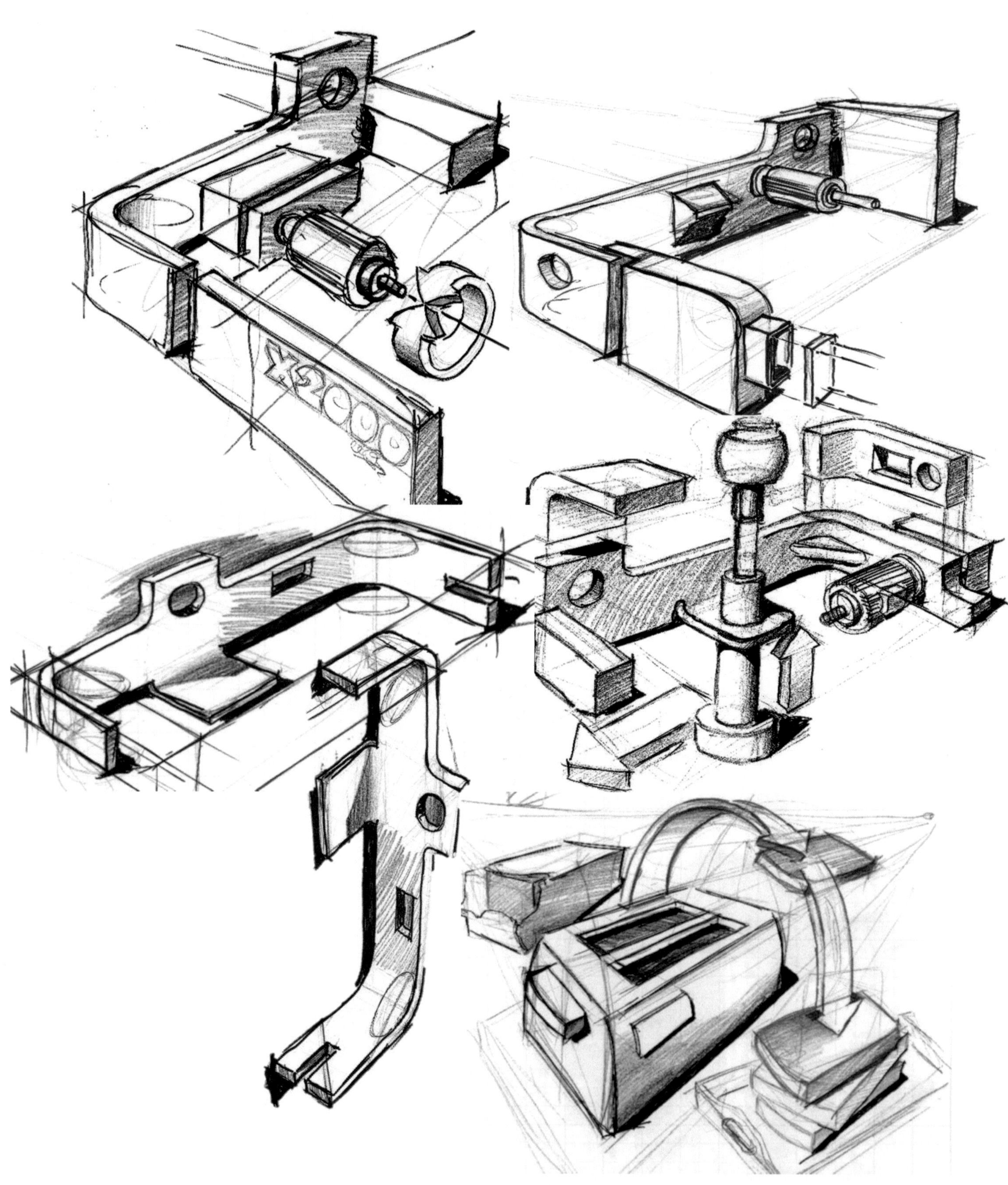
X2000

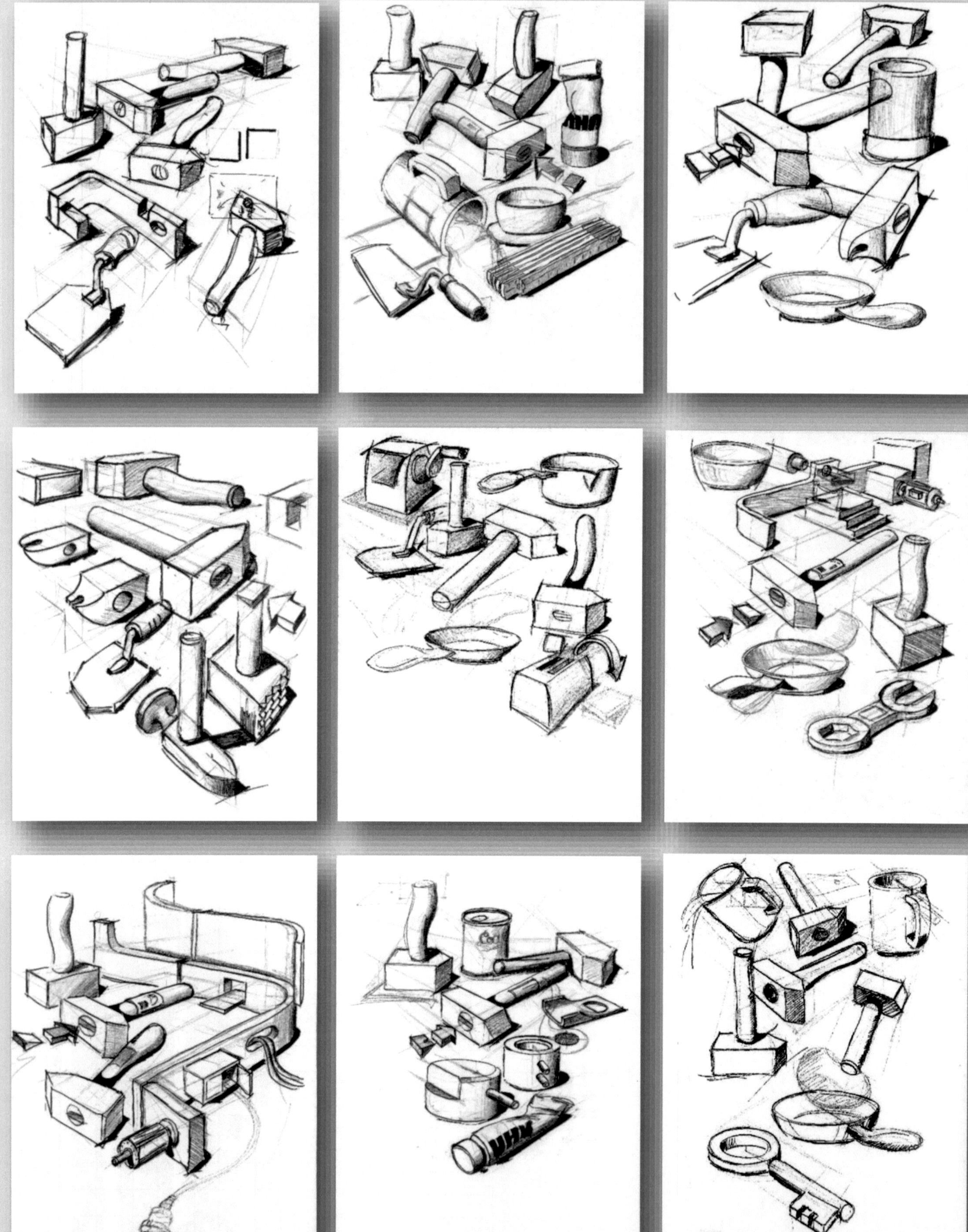

MULLER

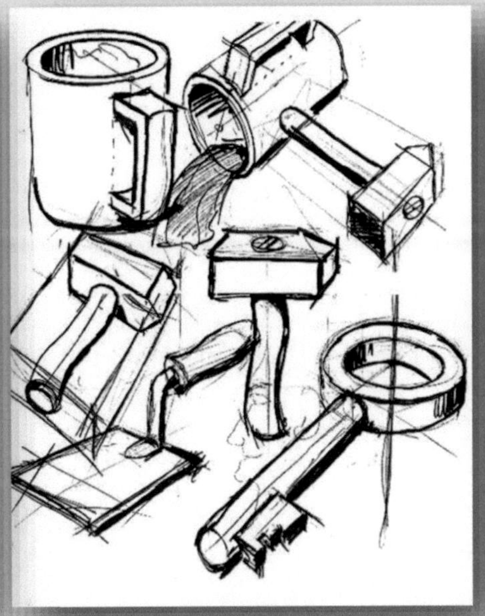

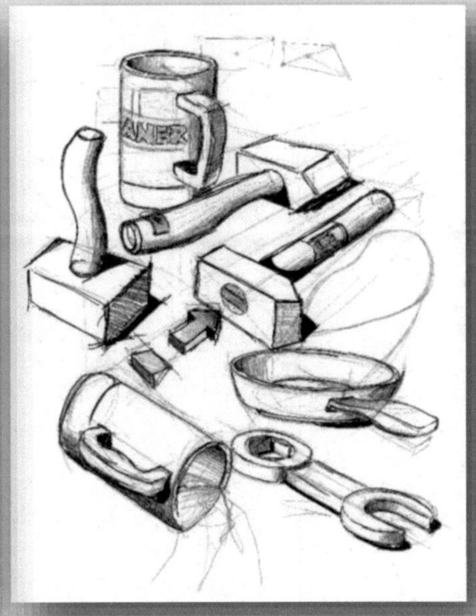

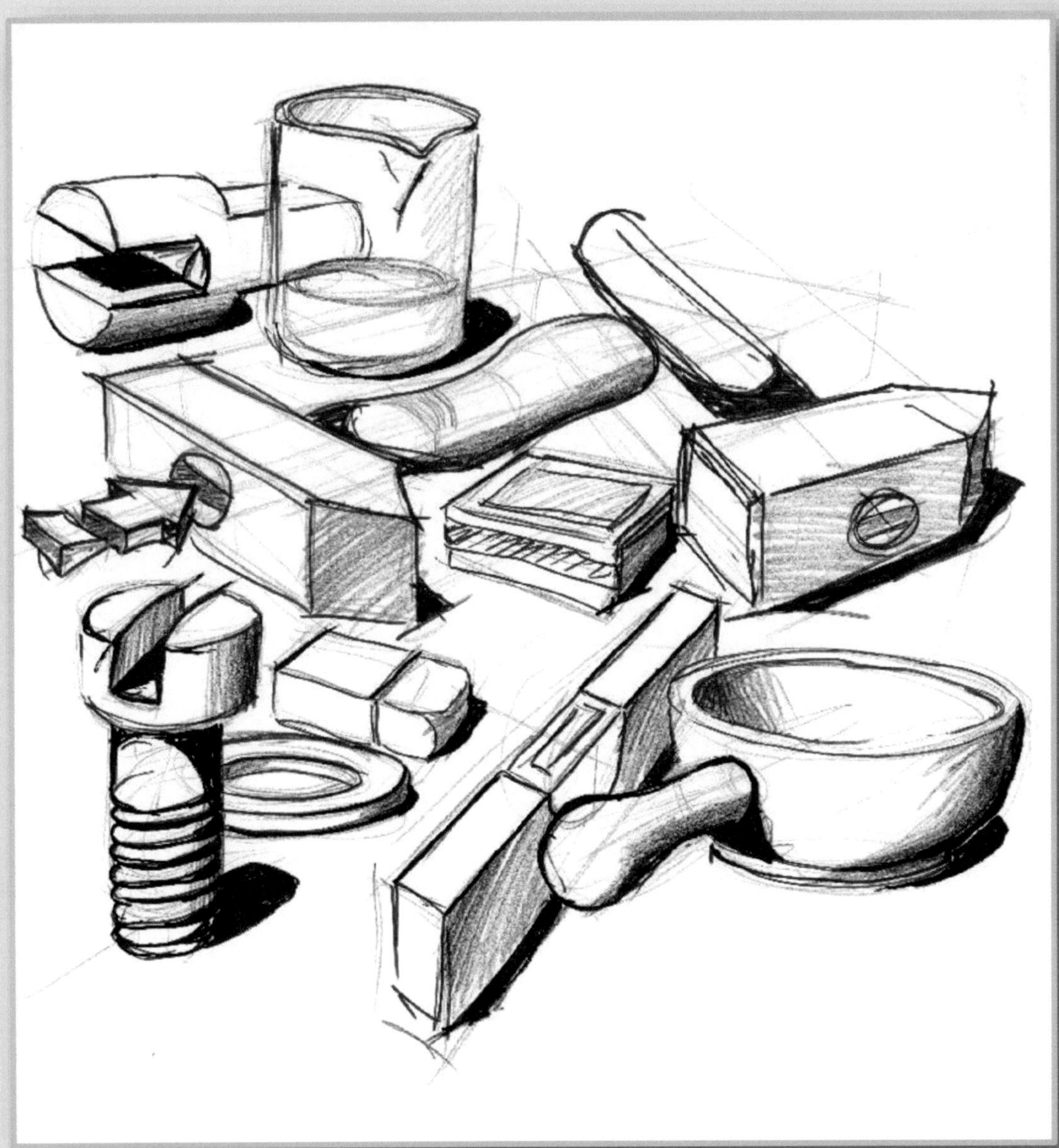

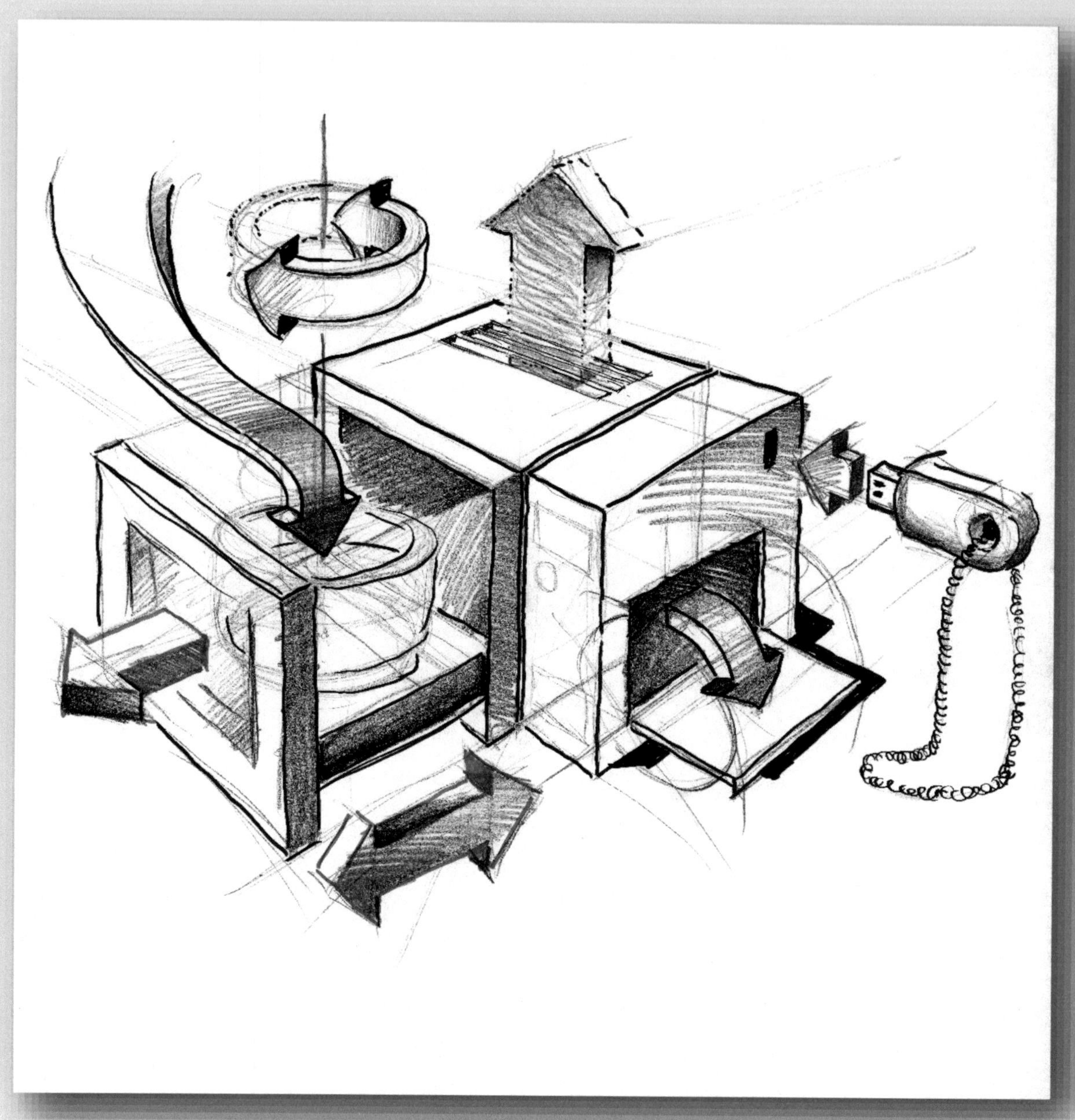

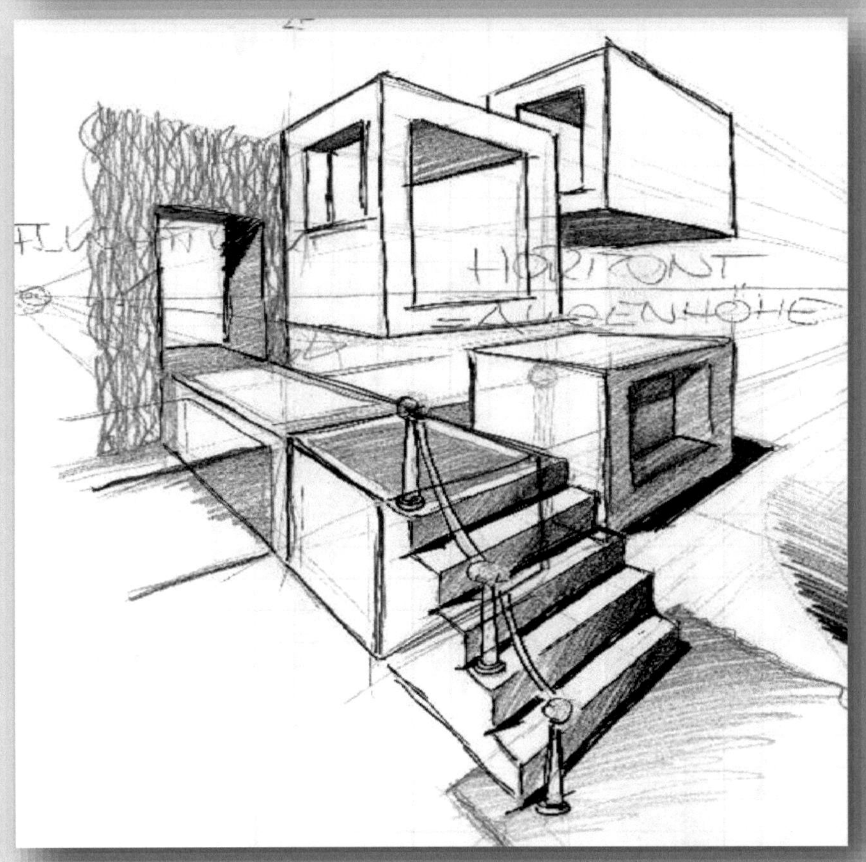
HORIZONT
= AUGENHÖHE

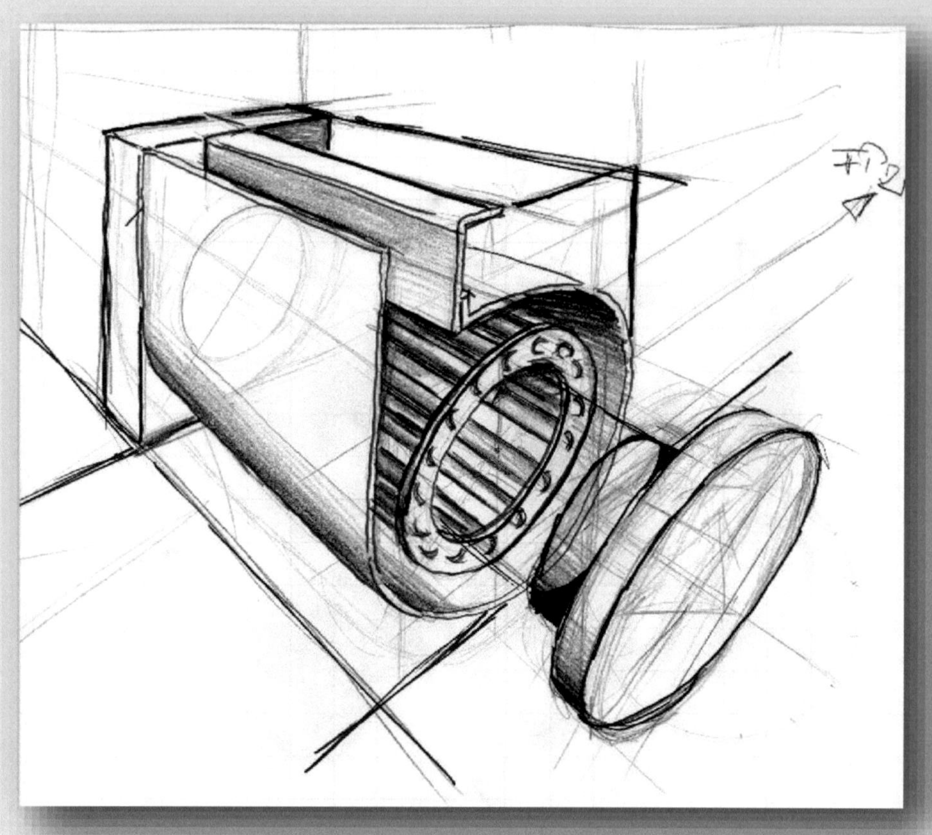

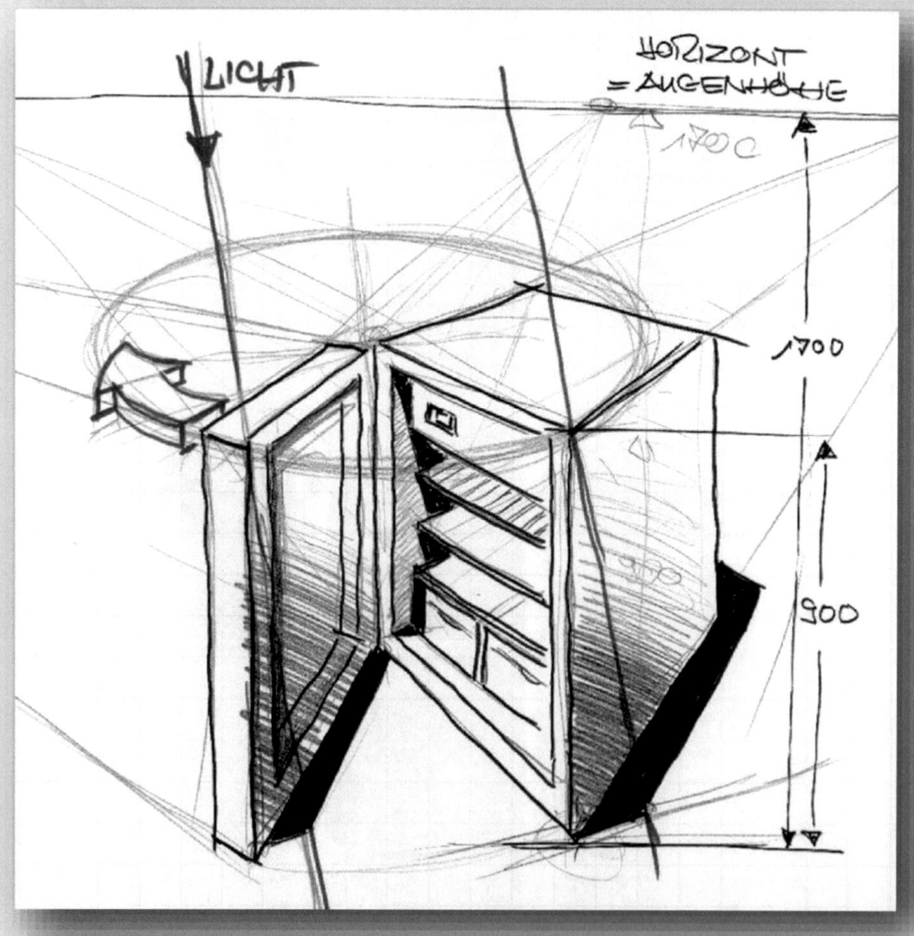
LICHT
HORIZONT
= AUGENHÖHE
1700
900

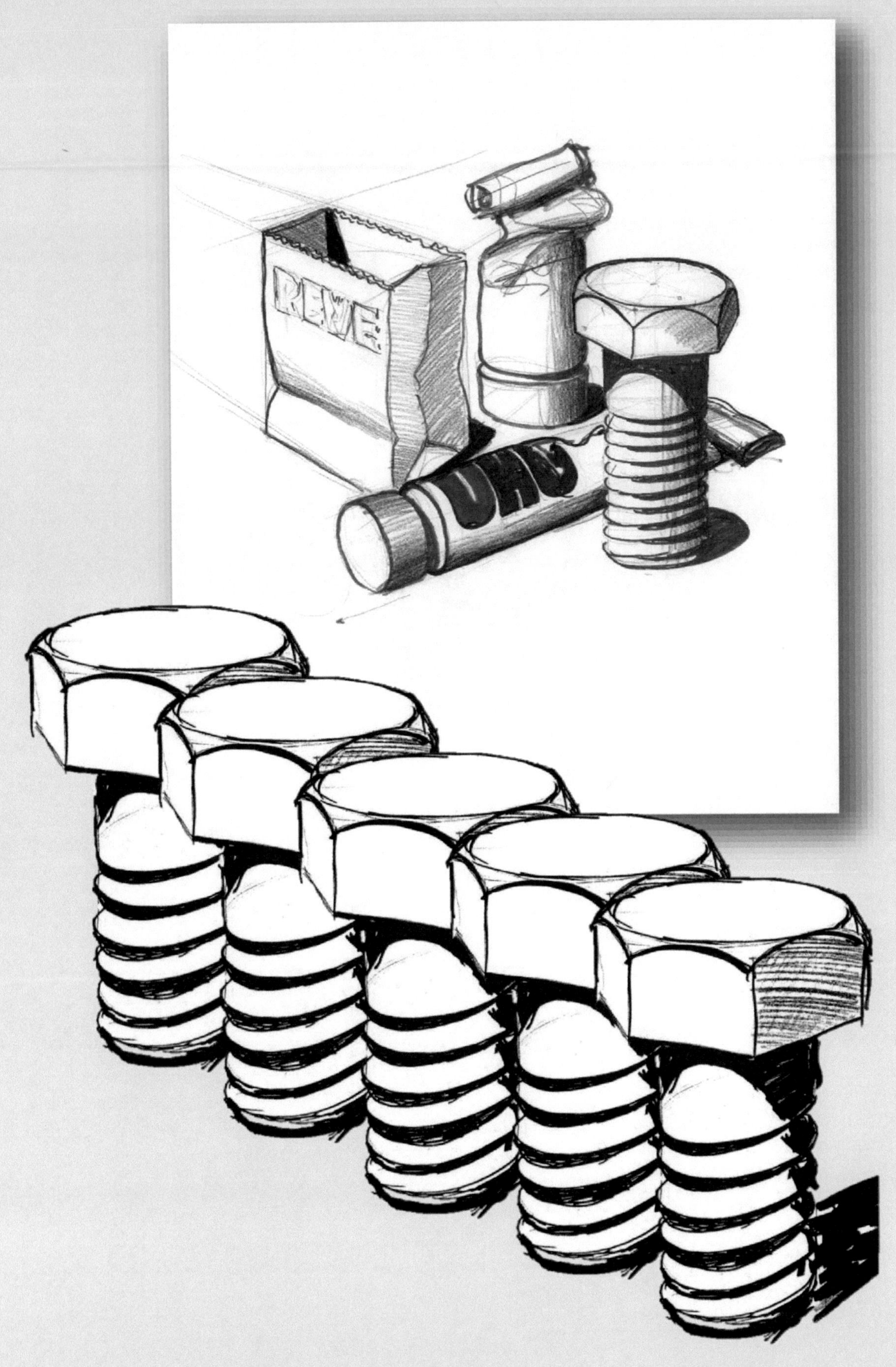
REWE
UHU

ROHRE UND SCHLÄUCHE

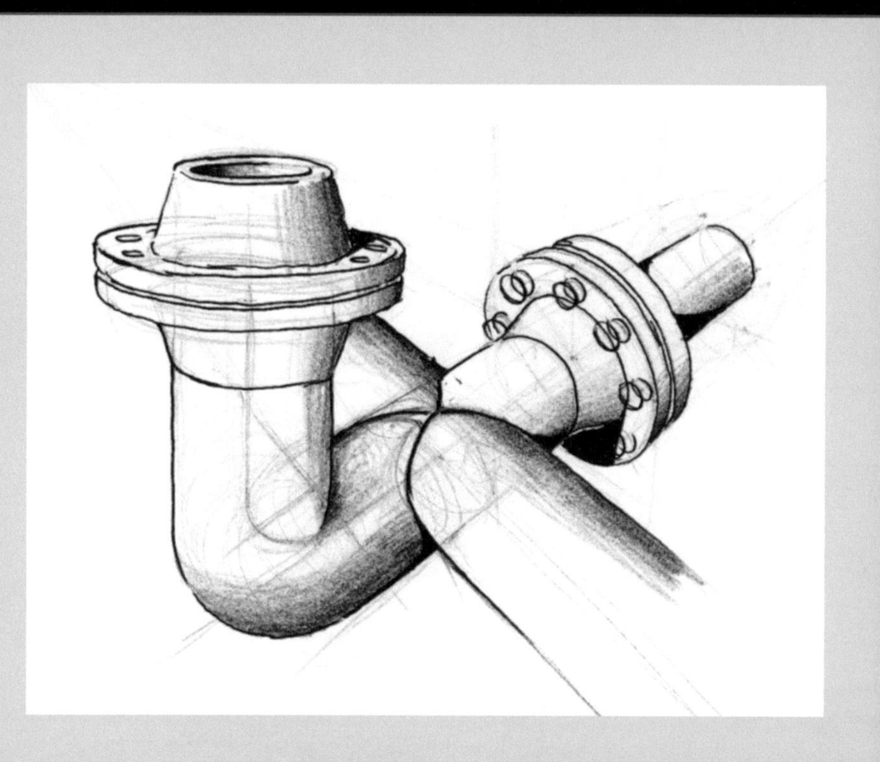

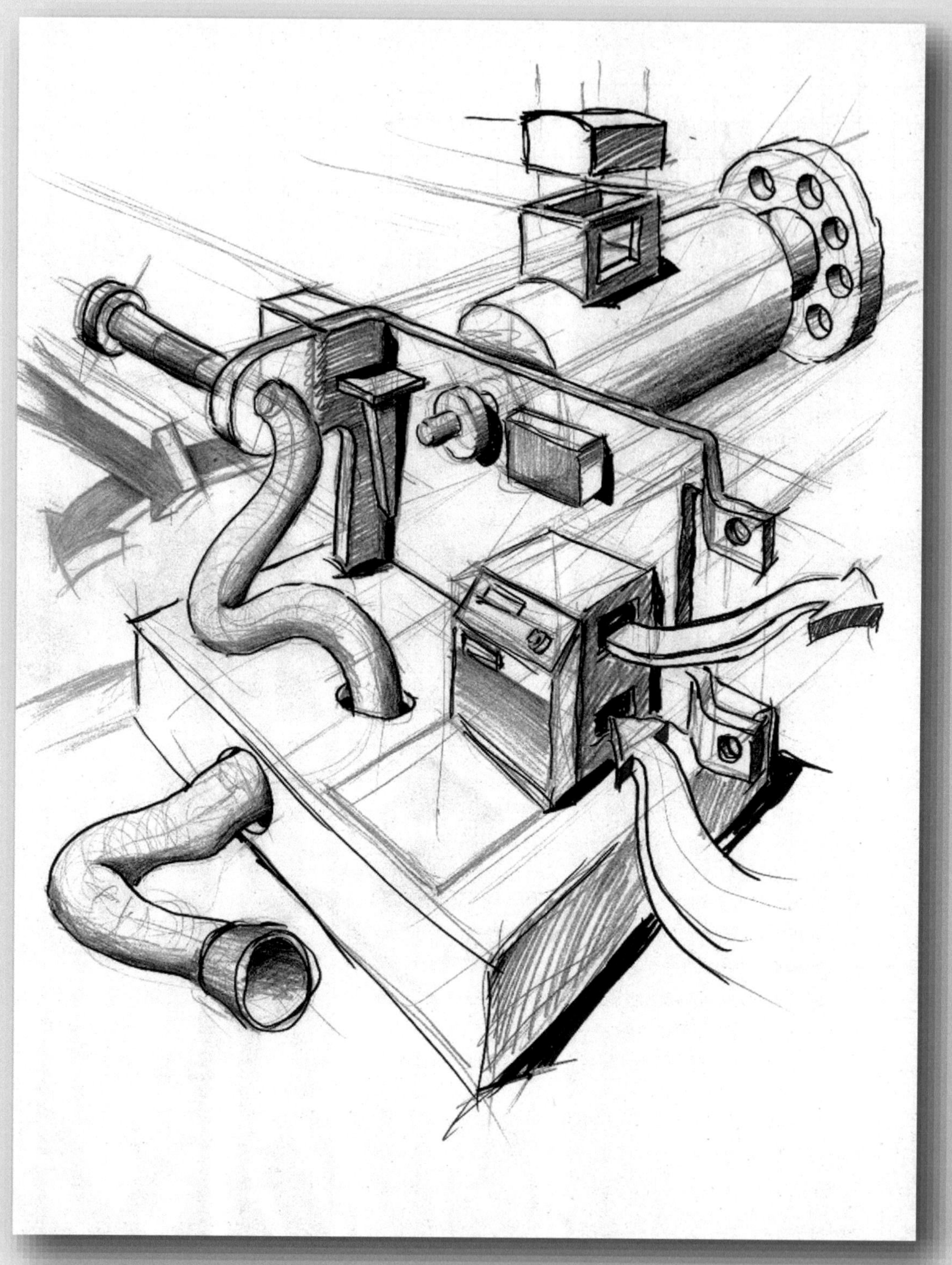

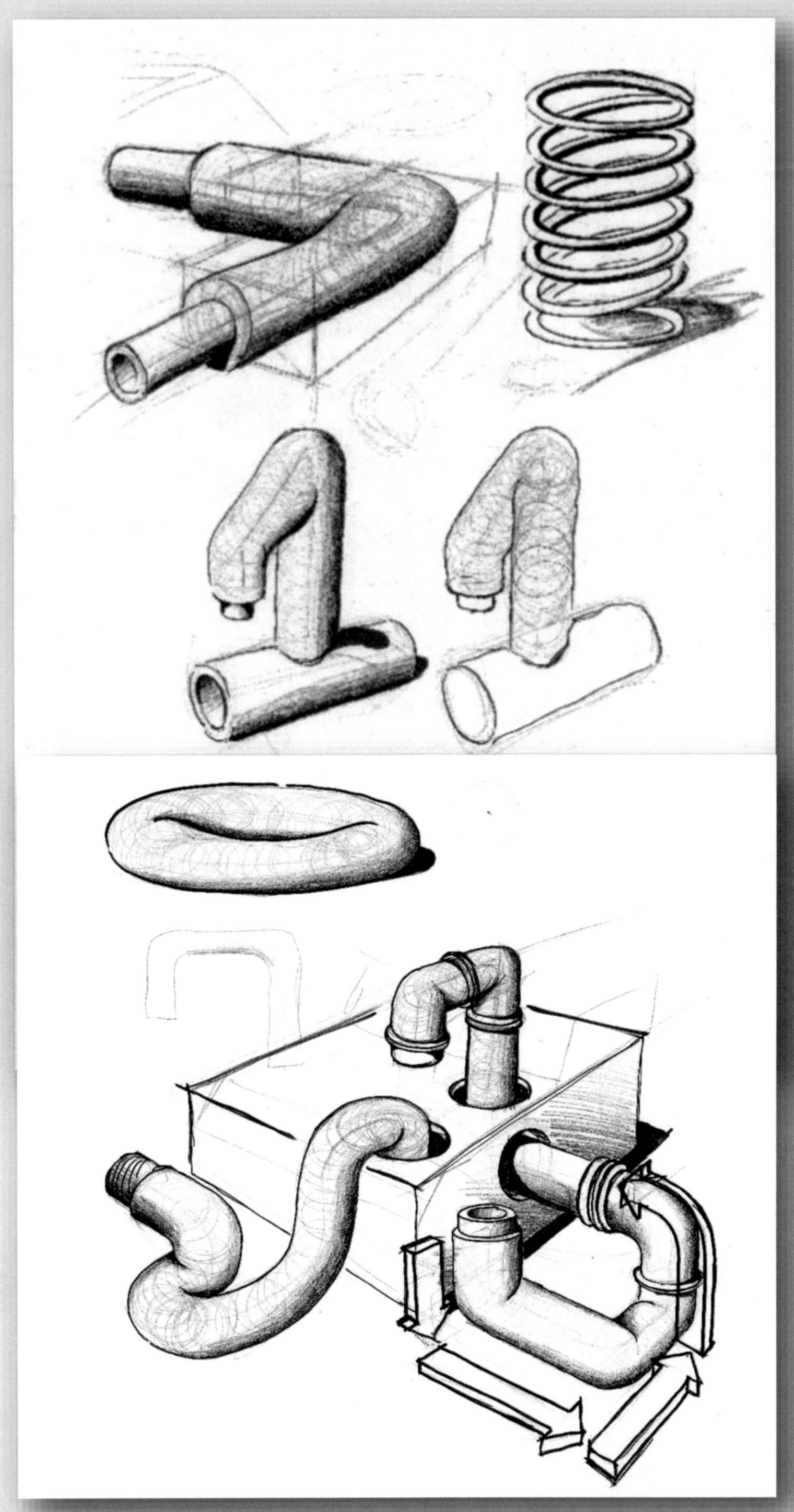

BEWEGUNG

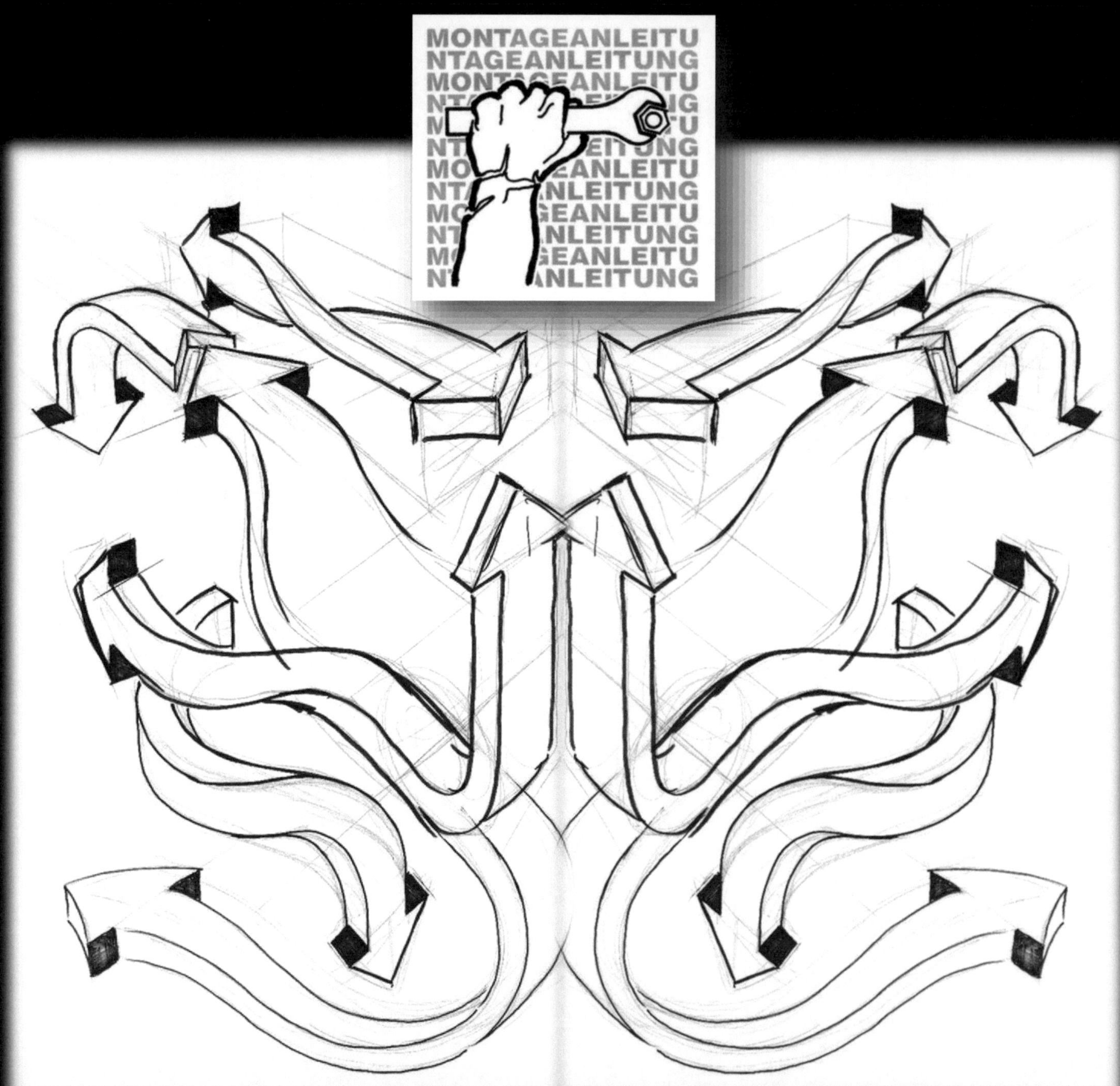

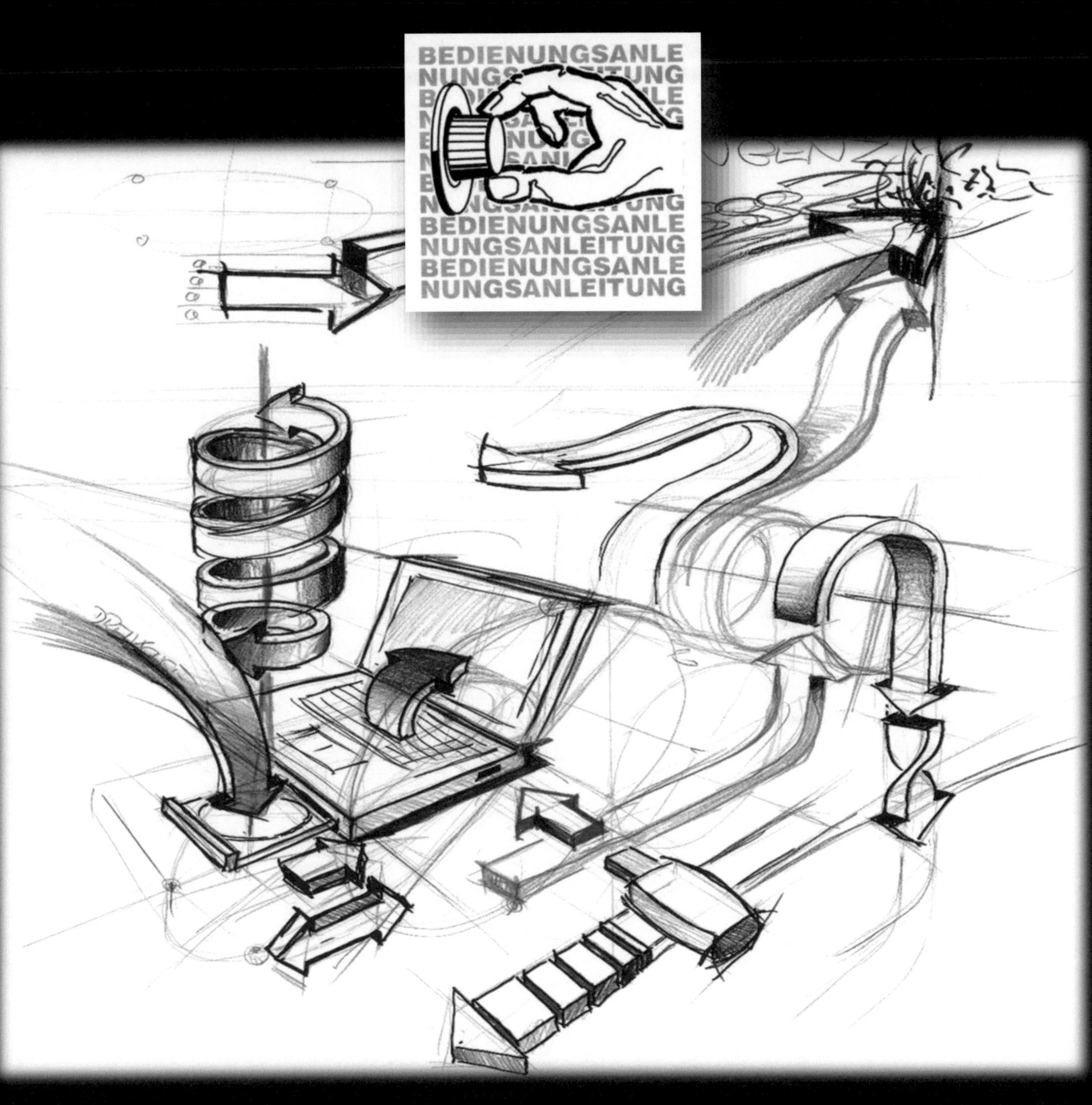
BEDIENUNGSANLE
BEDIENUNGSANLE
NUNGSANLEITUNG
BEDIENUNGSANLE
NUNGSANLEITUNG

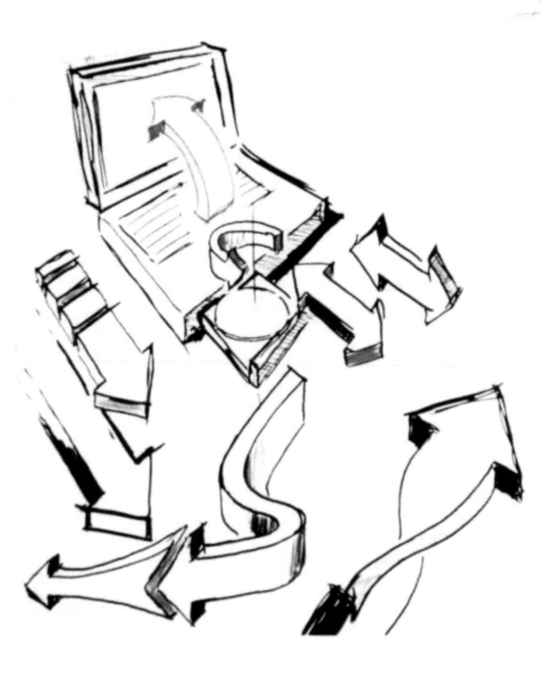

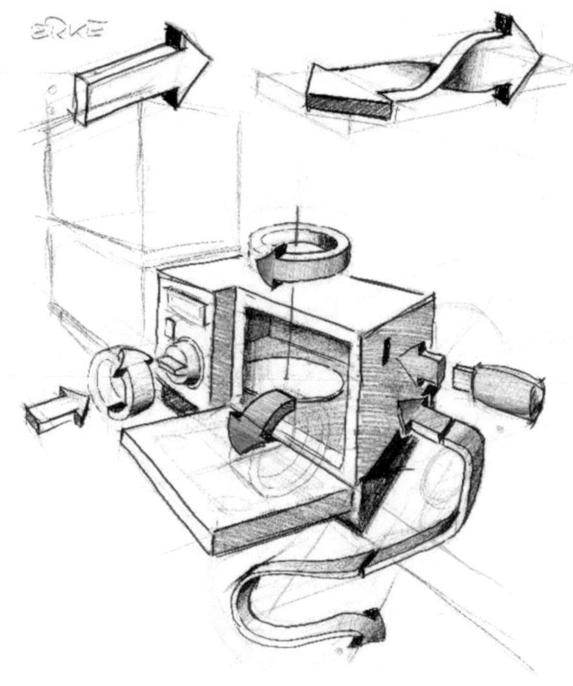

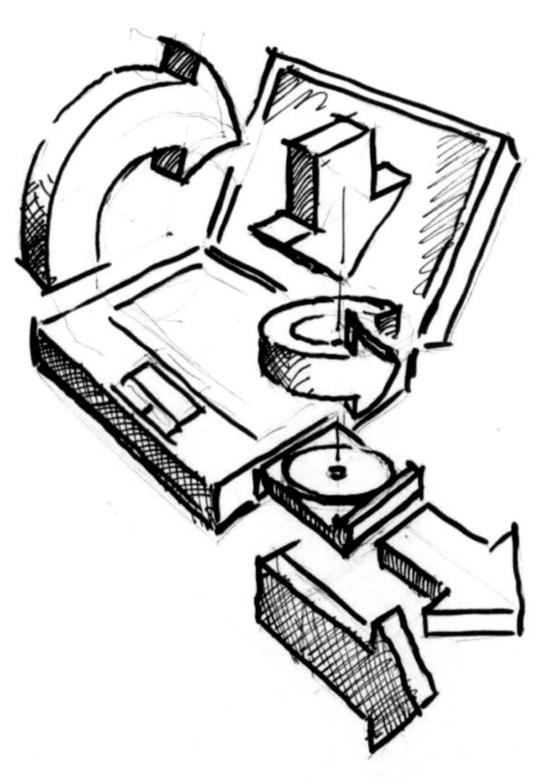

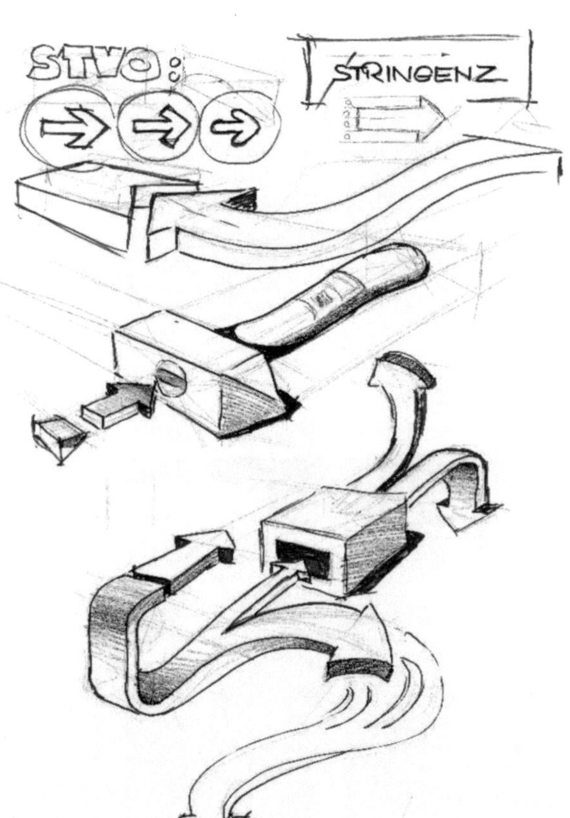
STVO:
STRINGENZ

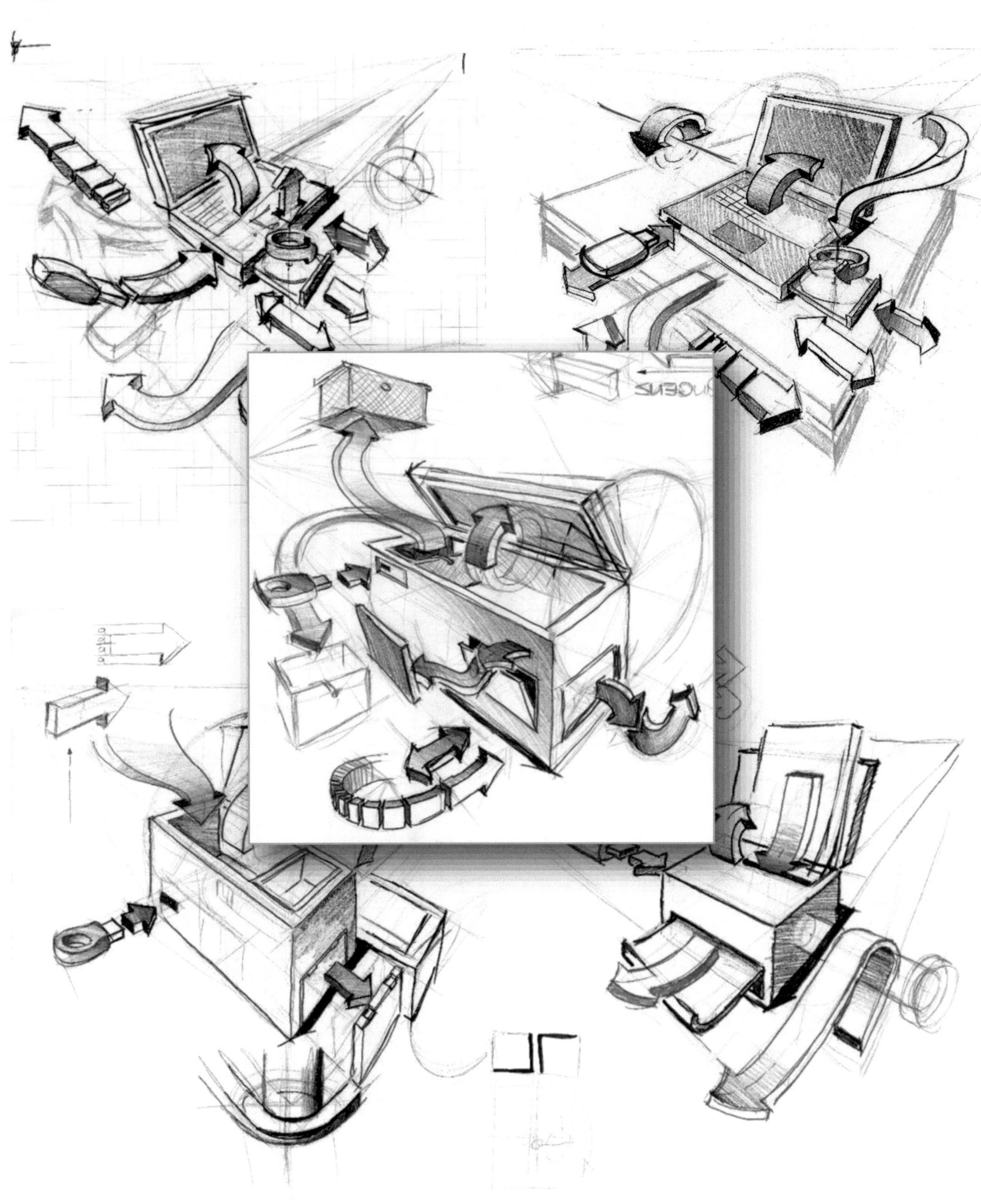

PHANTASIA

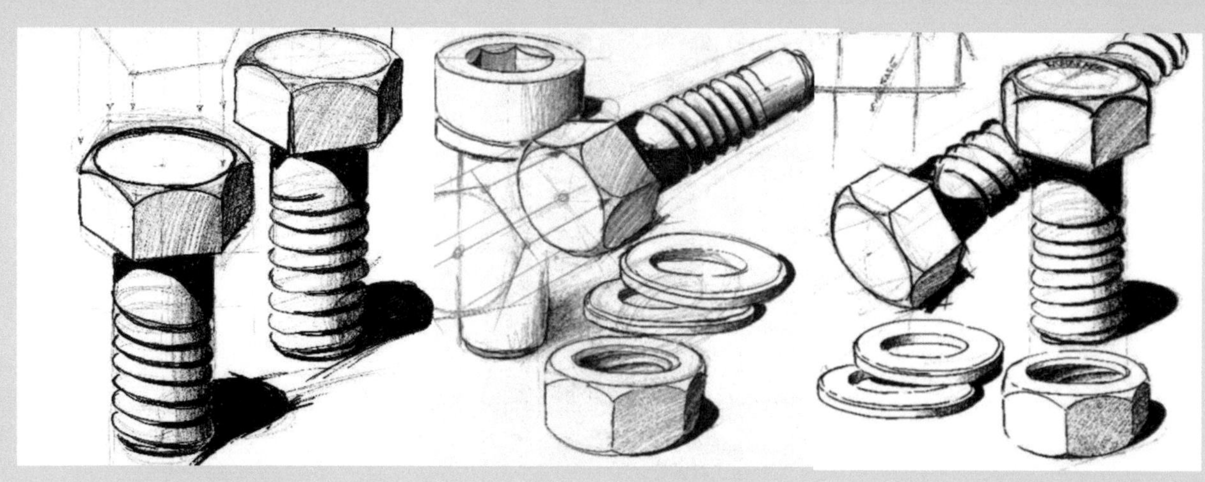

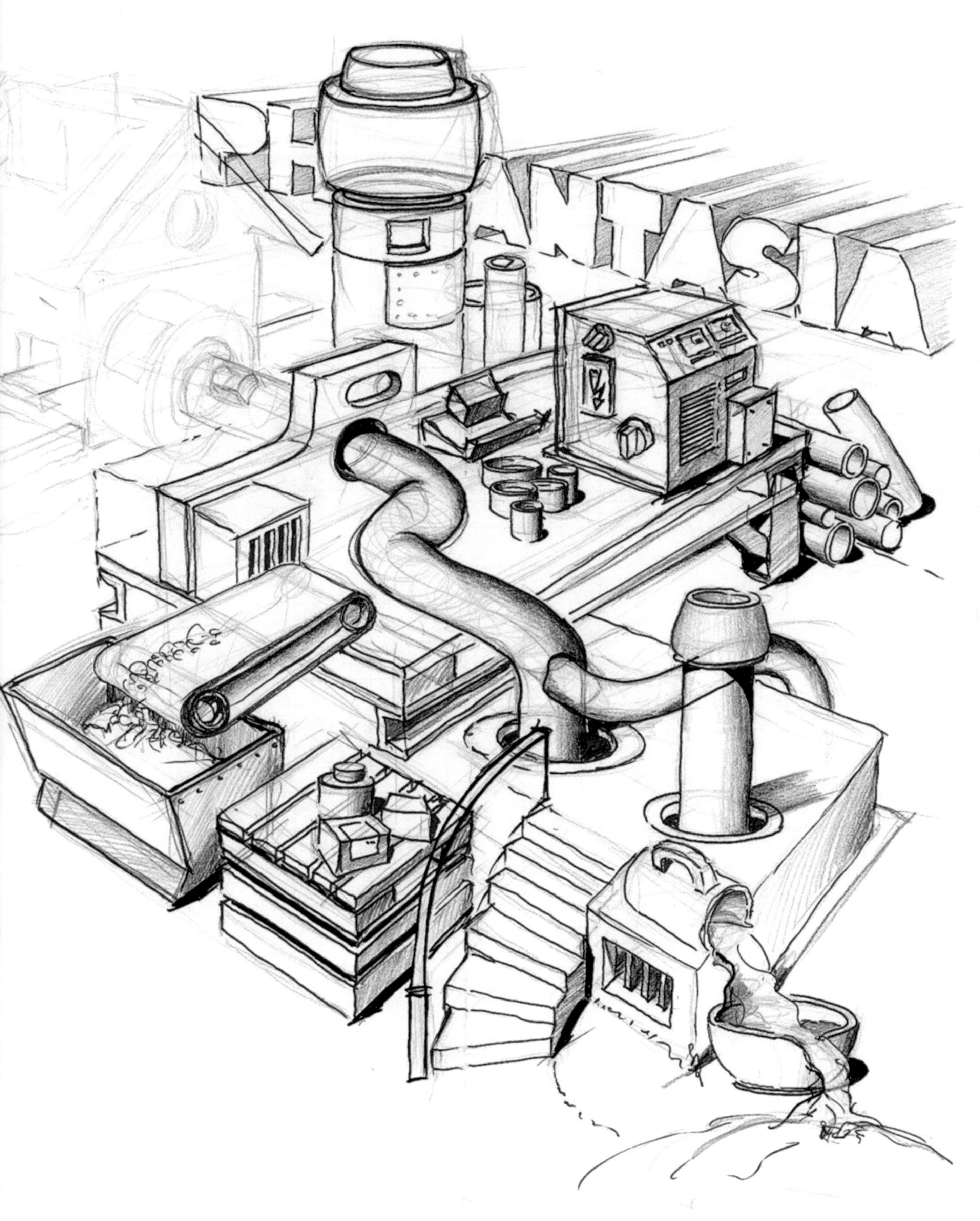

SIMA

ANHANG

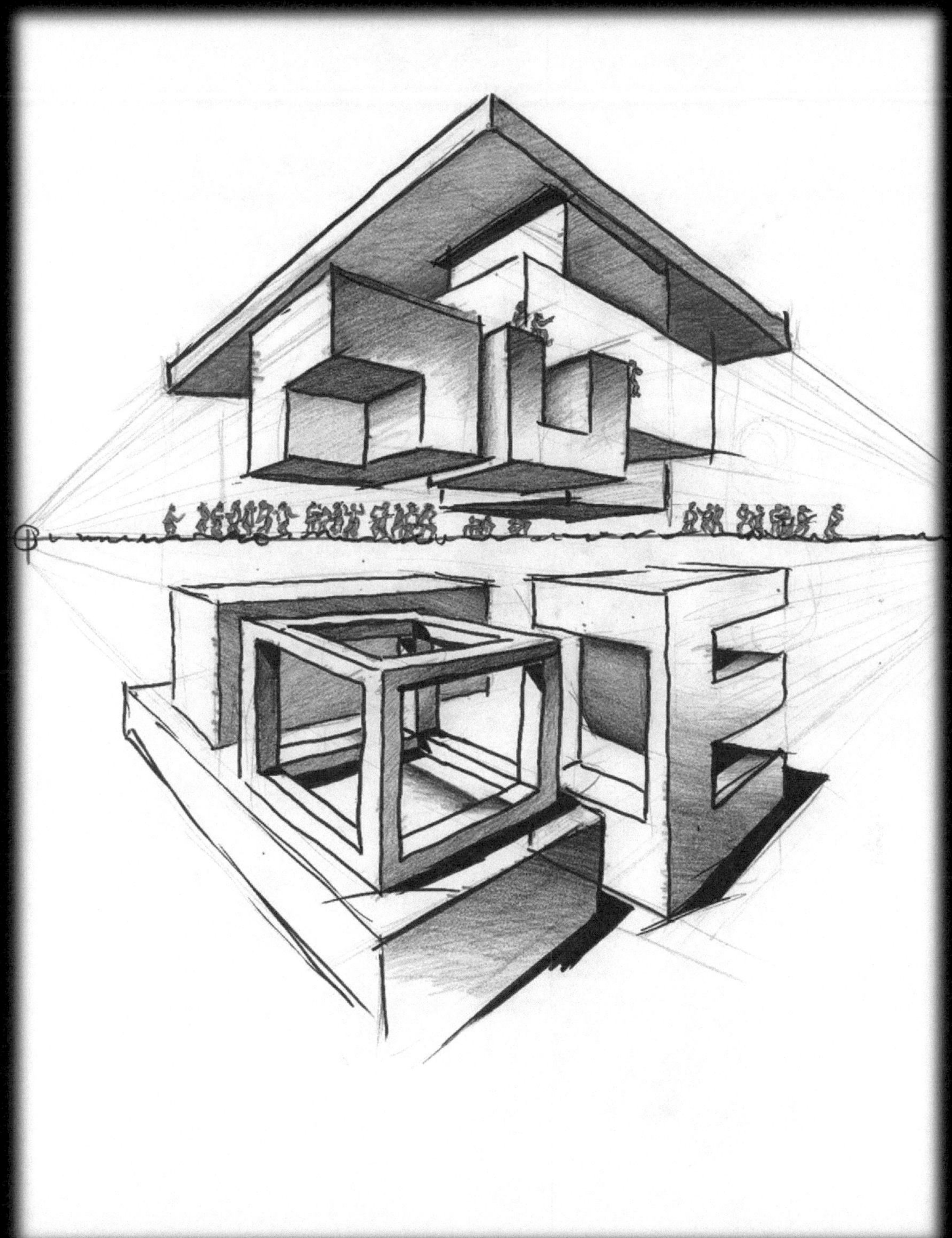

ANHANG 1: WEITERE BÜCHER DES AUTORS

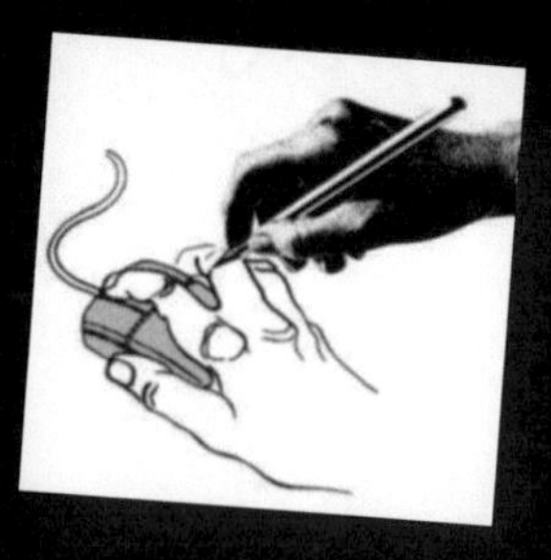

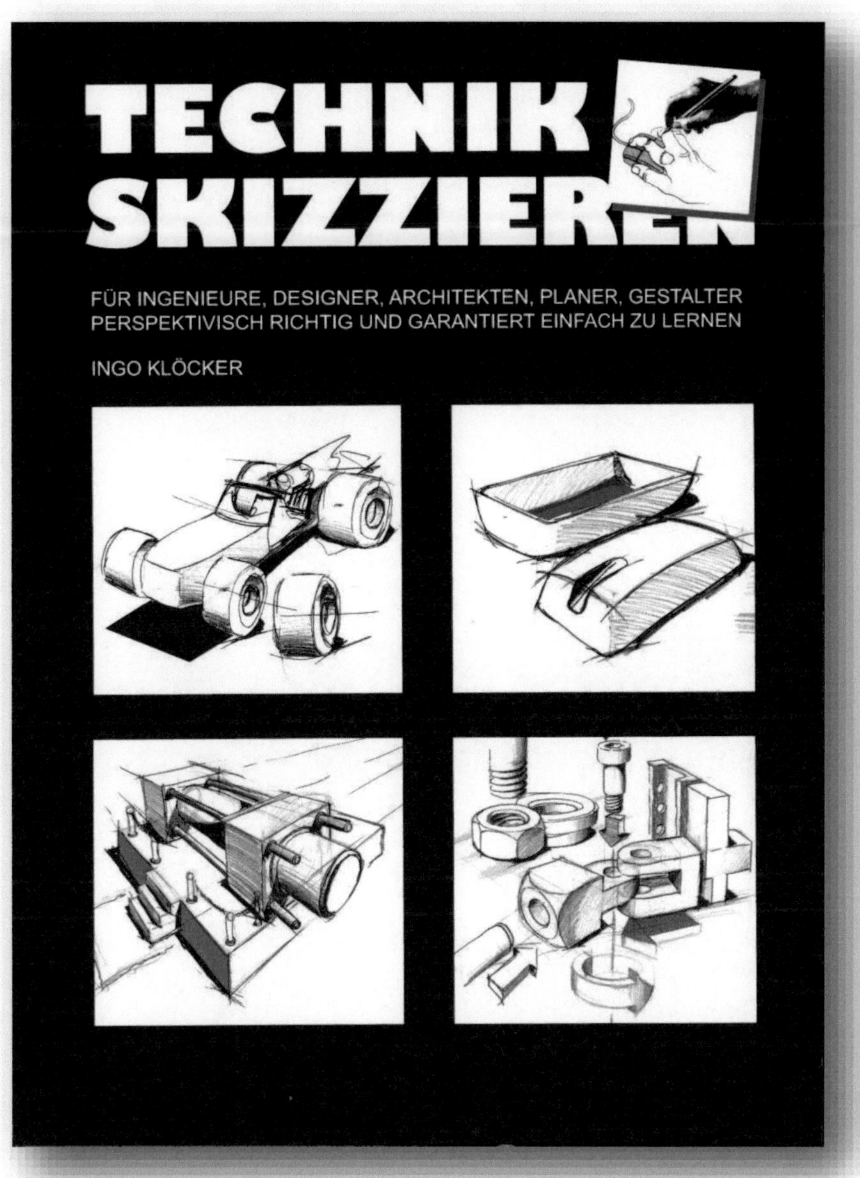

TECHNIK SKIZZIEREN FÜR INGENIEURE, DESINER, ARCHITEKTEN, PLANER, GESTALTER, KÜNSTLER - PERSPEKTIVISCH RICHTIG UND GARANTIERT EINFACH ZU LERNEN

Sachbuch, Handbuch zum selbstständigen Erlernen des raschen und überzeugenden Darstellens von Ideen oder Zusammenhängen für sich selbst, in Kunden-, Mitarbeiter- oder Chef-Gesprächen oder beim kreativen Arbeiten.

Begleitbuch zum Seminar.

Band 1 zum vorliegenden Buch.

DIN A 4, 180 Seiten, 236 Abbildungen. Twentysix-Verlag Norderstedt, ISBN 978-3-7407-0939-6

Auch als e-book.

Eine Kundenrezension:

Dieses Buch führt auf eine sehr anschauliche und inspirierende Weise an ein Thema, das man sich nicht zutraut. Tun Sie es einfach und sehen Sie, wie Ihnen durch eine einfache und anschauliche Darstellung komplexe und auch generell mit Worten schwer transportierbare Sachverhalte von Ihren Kollegen Akzeptanz und Anerkennung finden. Mir hat es jedenfalls sehr geholfen.

PRODUKTGESTALTUNG - Aufgabe, Kriterien, Ausführung

Sachbuch

Bis heute das einzige Fachbuch zum Thema, das frei ist von Meinungen, Dogmen und vordergründigen Merketingvorgaben, das wissenschaftlich belegte Grundlagen für das Gebiet des Industrial Design zur Verfügung stellt. Dabei steht unser Verhalten im Vordergrund, unsere Einstellung und unsere Handlungsweisen gegenüber der Form, der Erscheinung und der Anmutung sowohl von Industrieprodukten als auch von jeder anderen Form.

17 x 24,5 cm, 152 Seiten, 85 sw Abbildungen, gebunden, Springer-Verlag Berlin, 1981, ISBN 3-540-10597-2. Neu als Reprint von Amazon Leipzig, paperback, ISBN 13:978-3-642-81602-4, und als e-book: e-ISBN: 13:978-3-642-81601-7

ALS KAIN SEINEN BRUDER ABEL ERSCHLUG - UND ANDERE GESCHICHTEN

Belletristik
DIN A5, 182 Seiten, 11 sw Abbildungen,
Shaker-Verlag Aachen, 2006, ISBN 3-8322-5663-6

ZUKUNFTSWERKSTATT - INNOVATIONEN, NEUE IDEEN UND NEUE WEGE

Sachbuch
Handbuch zum methodischen Vorgehen in Entwicklung und Konstruktion, (leider mit Druckmängeln).
DIN A5, 326 Seiten, 155 sw Abbildungen, Shaker Verlag Aachen, 2009,
ISBN 978-3-8322-8537-1

WAS HAT KOSLOWSKI GEMACHT?

Belletristik / Roman
Über Innenansichten, Intrigen und Erfolge in Entwicklung und Konstruktion eines Industriebetriebes, wie man sie selten im Büchermarkt findet. Ein leitender Angestellter versucht, im Gestrüpp von Intrigen, Niedertracht und Schleimerei, gute Arbeit abzuliefern.
DIN A5, 547 Seiten, 28 sw Abbildungen, Shaker-Verlag Aachen, 2006,
ISBN 978-3-95631-396-7

GESCHNITTENES GRAS - SALZBURGER NOCKERLN 2

Belletristik / Roman
Wie eine Bank zwei Kunden vernichtete. Erlebnisse zu politischen Ungleichgewichten und extremer Niedertracht, kleingeistiger Maßlosigkeit, und dem Versuch einer deutschen Kleinbank, den Machenschaften in skrupellosem Ausnehmen den Großen nachzueifern.
DIN A5, 564 Seiten, div. sw Abbildungen, Twentysix-Verlag Norderstedt, 2016,
ISBN: 978-3-7407-1181-8

ER WAR IM LIONS-CLUB - KALATRAVAS VORTRAG

Belletristik / Roman.
Wunsch und Wirklichkeit bei anspruchsvollen Werten wie Ehrlichkeit, Toleranz, Moral und Freundschaft.
DIN A5, 500 Seiten, div. sw Abbildungen, Twentysix-Verlag Norderstedt, 2017,
ISBN: 978-3-7407-1313-3. Auch e-book

ANHANG 2
KREATIVITÄT UND DIE HYDRATECHNIK

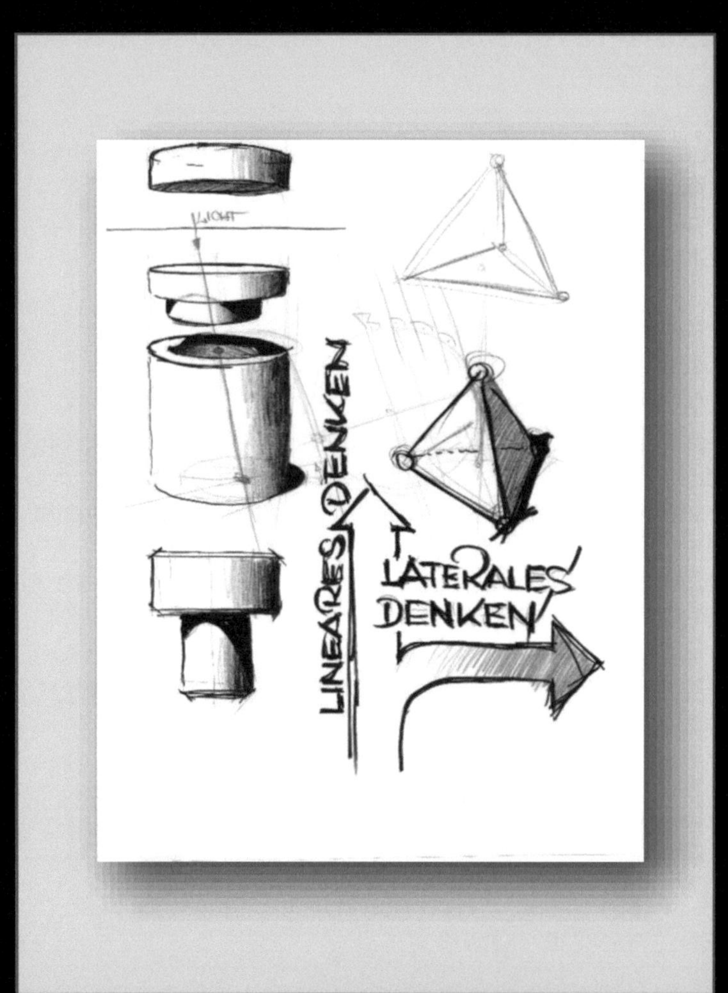

Wenn eine neue Idee entsteht, erscheint in unserer Vorstellung nahezu immer zunächst ein Bild. Das hat etwas mit der Entwicklung von uns Menschen zu tun. Dort ist das so angelegt und so vorgesehen. Da wir jedoch gewohnt sind, die Bilder unserer Vorstellung und des daraus abgeleiteten Denkens sofort in abstrakte Zusammenhänge umzuwandeln, in Buchstaben, Begriffe und Zahlen, „vergessen“ wir die Bilder. Man kann auch sagen: wir denken nicht mehr an sie, oder noch genauer: wir haben verlernt, an sie zu denken. Dabei wäre vieles einfacher, wenn wir sie nicht „vergessen“, sondern direkt und ohne Umwandlung mit ihnen weiterdenken würden. Unser Gehirn denkt fast immer in Bildern. Wird ein gedachtes Bild sofort in ein skizziertes Bild umgewandelt, dazu benötigt man einen Stift und ein Stück Papier, mehr nicht, kann unmittelbar weiter gedacht werden. Für diesen Vorgang hatte man in früherer Zeit den griechischen Begriff >creare< verwendet. Das bedeutet wörtlich schöpfen, im Sinne von abschöpfen, herunternehmen, und ist der Wortstamm für den Begriff Kreativität.

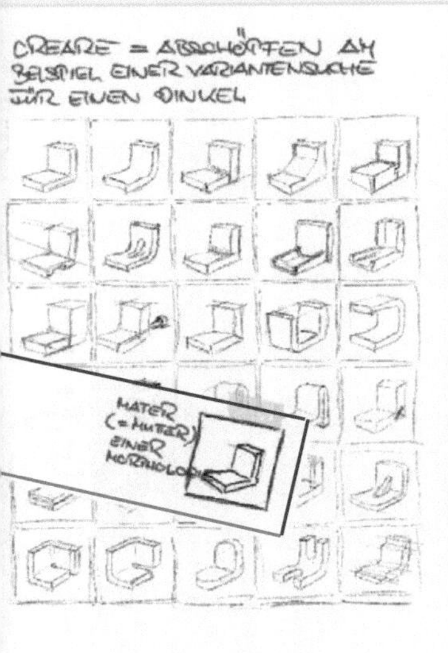

Wenn man also einen Gedanken sofort abschöpft, ihn sozusagen aus dem Gehirn heraus nimmt, hat es wieder freien Platz und kann weiter denken. Abschöpfen in diesem Sinne kann man durch reden, schreiben, singen, basteln und eben skizzieren. Letzteres ist nicht nur sieben Mal schneller zu machen, als jede der anderen Methoden, es ist auch sicherer und vollständiger. Skizzieren ist die effizienteste, sicherste und schnellste Art, neue Ideen oder Lösungen zu generieren. Es ist die beste aller Kreativitätstechniken.

Der Haken an dieser Geschichte ist, dass nur (noch) sehr wenige Menschen skizzieren können. Aus den Lehrplänen unserer Schulen und unserer Hochschulen sind die entsprechenden Fächer und zu lernende Fähigkeiten, bis auf wenige Ausnahmen, verschwunden.

Das Skizzieren und Zeichnen ohne Hilfsmittel, das so genannte Freihandzeichnen, ist unser ältestes Kommunikationsmedium. Wir konnten als Menschheit zeichnen und skizzieren, lange bevor die Schrift erfunden wurde. Da jeder Mensch die Entwicklungsgeschichte im Zeitraffer nachzeichnet bzw. wiederholt, konnte auch jeder von uns in seiner Jugend zeichnen. In der Schule war es dann uninteressant, sodass diese Fähigkeit verschüttet und nicht weiter entwickelt wurde. Die Anlage dazu ist aber immer noch da - und lässt sich wieder aktivieren.

Jeder von uns kann somit skizzieren und zeichnen (wieder) erlernen. Die Komplexität dieses Vorganges ist geringer als die, ein Auto zu fahren. Die Teilnehmer der in diesen beiden Büchern dargestellten Seminare und deren Ergebnisse belegen das immer wieder in sehr eindrücklicher Weise.

Um den großen Vorteil der Kreativitätstechnik Skizzieren auch dann nutzen zu können, wenn man mit dem Skizzieren keine ausreichende Übung hat, ist die Hydratechnik das Mittel der Wahl.

DIE HYDRATECHNIK

Fast jeden technischen Gegenstand kann man auf eine der zwei Grundformen Kubus oder Zylinder zurückführen. Die Ursache dafür ist das technische Zeichnen nach DIN, mit dem diese Gegenstände konstruiert wurden. Beide lassen sich auch ohne Übung relativ leicht in natürlicher Perspektive skizzieren. Das geht folgendermaßen:

Die gewünschte Grundform wird auf das Ende eines Papierstreifens gezeichnet.

Diesen Streifen bezeichnet man als Mater, als Mutter. Auf einem größeren Blatt Papier, zum Beispiel DIN A3 aus dem Speicher eines Kopierers, gibt man sich einen Raster vor.

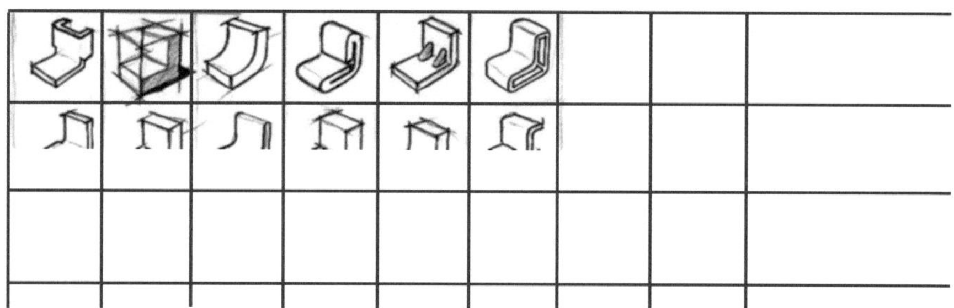

Übliches Drucker- / Kopiererpapier (80 Gramm/qm) lässt eine darunter gelegte Skizze, zum Beispiel die Mater und deren Perspektive, gut erkennen.

Sie wird nun nachgezeichnet und gleichzeitig variiert. Das variierte Nachzeichnen entspricht einem Abschöpfen unserer Denke. Dadurch wird Platz im Gehirn frei gemacht. Wenn das Auge diese variierte Skizze sieht und feststellt, dass sie auf dem Papier gespeichert ist, fällt unserer Denke eine neue Variante ein.

Nun wird die Mater um ein leeres Rasterfeld weiter geschoben, sodass man die Perspektive wieder sieht, und die nächste Variante skizziert = abschöpft = neuen Platz zum kreativen Denken schafft.

Und so geht das weiter. Wichtig ist, dass man schnell arbeitet und keinen Anspruch an die Zeichenqualität oder die Realisierbarkeit der Ideen erhebt. Es sollten viele Einfälle abgeschöpft werden. Die Bewertung darf erst im Nachhinein erfolgen.

Wenn man nicht abschöpft kann unser Gehirn keinen neuen Gedanken entwickeln. Es dreht sich vielmehr um den aktuellen Gedanken herum im Kreis. Vierzig bis hundert Varianten kann man auf diesem Wege durchaus erwarten und erzielen, eben abschöpfen.

creare (lat., griech.)
=ABSCHÖPFEN

DIE MATER (MUTTER)
DER UMHÜLL. KUBUS

HYDRA

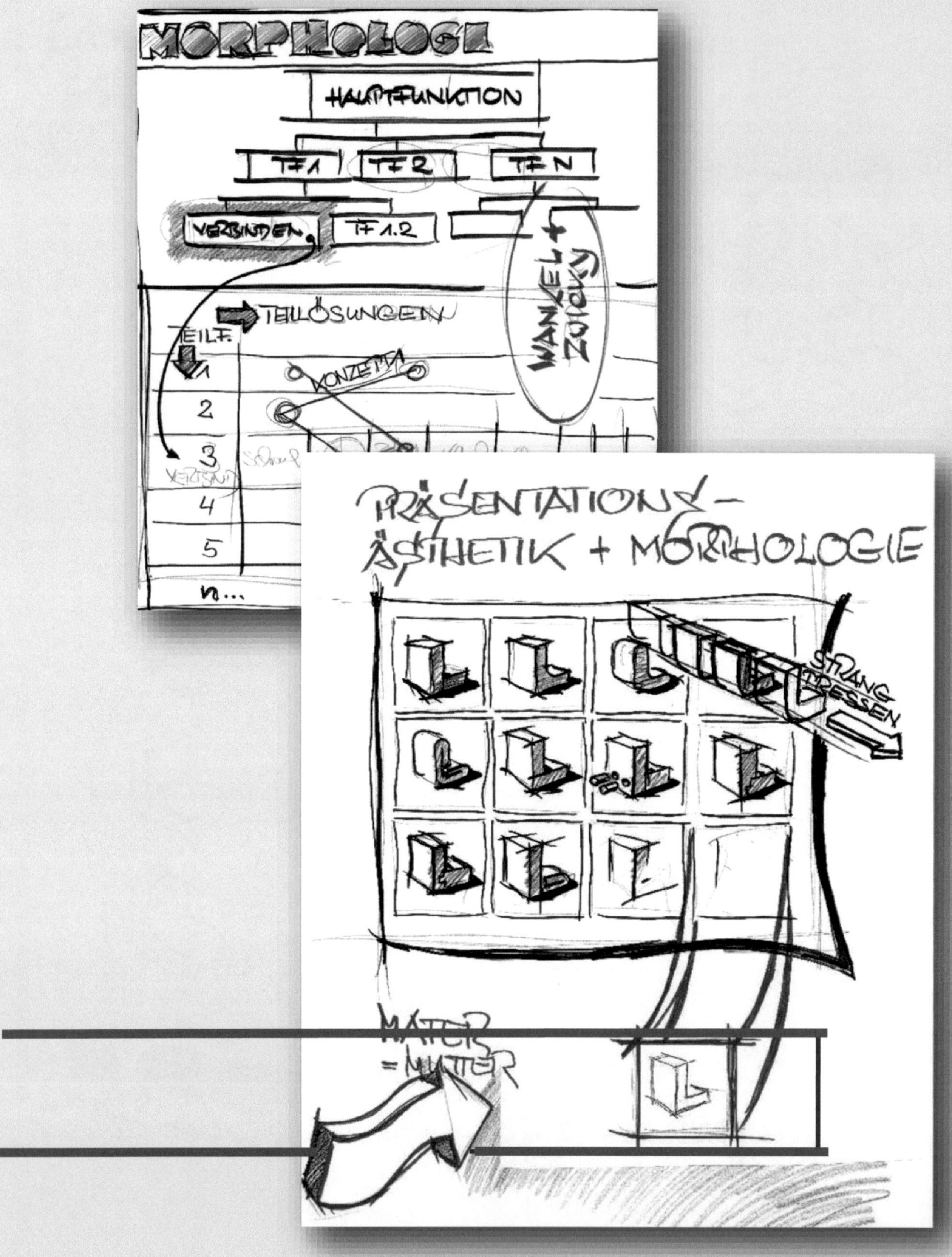
MORPHOLOGIE
HAUPTFUNKTION
TF1
TF2
TFN
VERBINDEN
TF1.2
WANKEL + ZWICKY
TEILLÖSUNGEN
TEILF.
1
2
3
4
5
n...
KONZEPT A
PRÄSENTATIONS-
ÄSTHETIK + MORPHOLOGIE
STRANG PRESSEN
MATER
= MUTTER

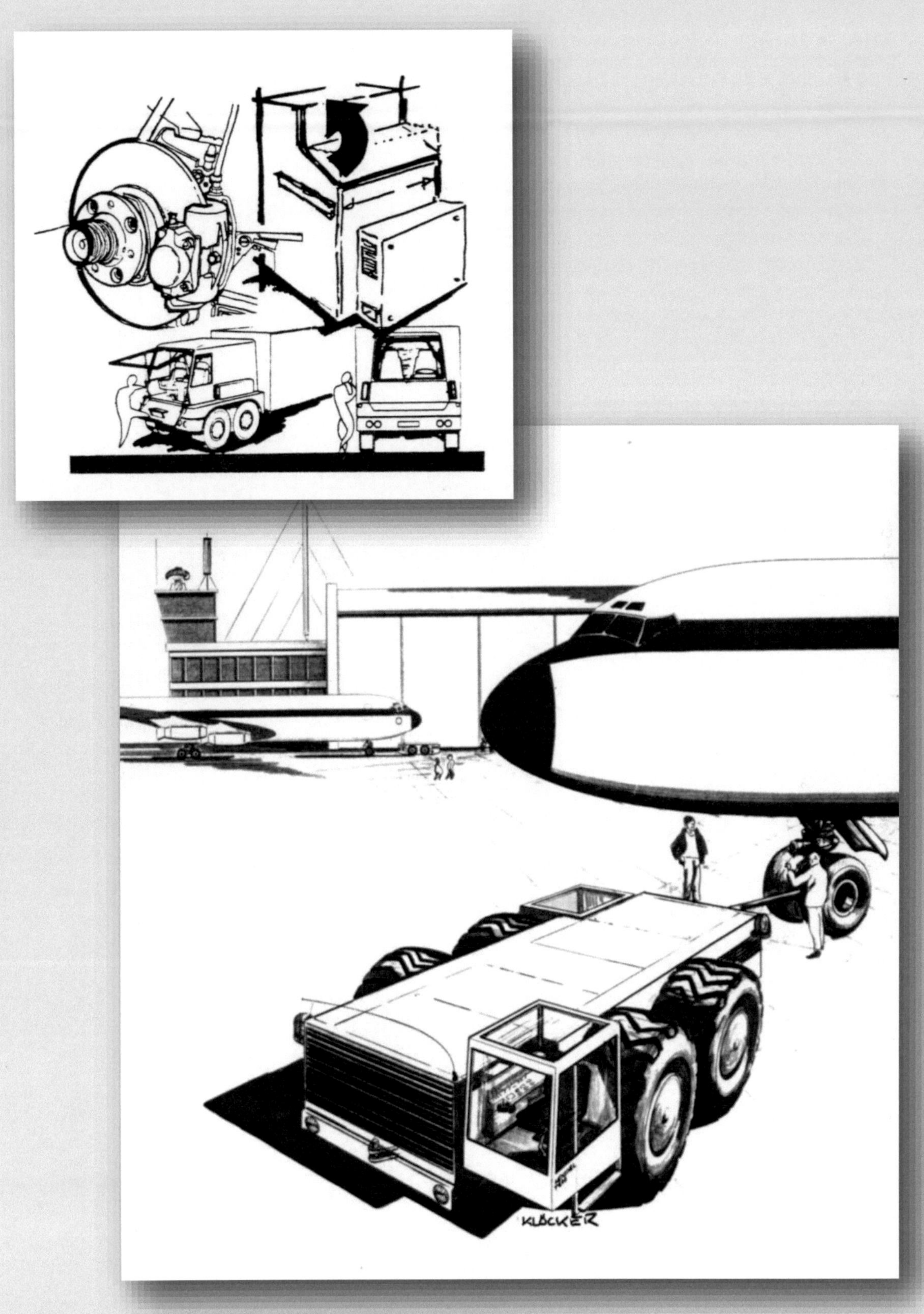
KLÖCKER

ANHANG 3:
DIE SEMINARE

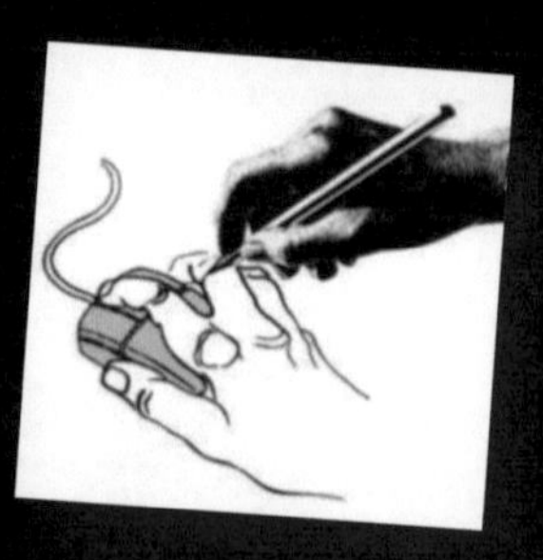

Die Skizzen in diesem Buch sind zum überwiegenden Teil in den Seminaren entstanden, die im zusammen mit der VDI-Wissensforum GmbH (x), der Technischen Hochschule Nürnberg, der Universität Erlangen oder vom Autor (xx) in eigener Regie durchgeführt werden. Die Seminare werden als offene Seminare, an denen sich jeder Interessierte beteiligen kann, oder als inhouse-Seminare, die in einem Unternehmen stattfinden, angeboten.

Einige Beispiel von Beschreibungen dieser Seminare sind hier im Anschluss abgedruckt.

(x) VDI-Wissensforum GmbH, www.vdi-wissensforum.de, Tel.: 0211-6214.201

(xx) Prof. Dr.-Ing. Ingo Klöcker, ingo.kloecker@t-online.de, Tel.: 0911-729494

1 SKIZZIEREN GRUNDLAGEN SEMINAR

Disposition eines Seminars

SKIZZIEREN UND FREIHANDZEICHNEN TECHNISCHER PRODUKTE

in Technik, Architektur, Design und Kunst ohne Hilfsmittel (CAD), aber perspektivisch richtig.

Ein Bild sagt mehr als tausend Worte.
Leonardo da Vinci, um 1500.

Vorbemerkungen

Zeichnen und Skizzieren zählt zu den ältesten und beliebtesten Tätigkeiten des Menschen. Als Hilfsmittel für jede Art der Kommunikation sind sie effizienter als alle anderen Medien. Schon Leonardo da Vinci war der Überzeugung. Daß so wenig davon Gebrauch gemacht wird liegt an unserem Schul- und Ausbildungssystem, das diesem Bedürfnis bis zum neunten Lebensjahr wenig und danach nahezu überhaupt nicht Rechnung trägt. In anderen Kulturen (zum Beispiel Japan oder China) ist das anders.

Mit einer gekonnten und relativ naturalistischen Skizze kann man ein Gegenüber, einen Partner, Vorgesetzten oder Mitarbeiter wesentlich leichter und schneller von einer Idee oder neuen Lösung überzeugen, als mit Worten, einer mühsam erstellten CAD-Zeichnung oder mit einem anderen Medium. In einer Besprechung, einem Meeting oder einer Konferenz beschleunigt eine Skizze (am Flipchart oder Whiteboard) den Ablauf erheblich und klärt verbale Ausführungen sofort. Man hat, wenn man skizzieren kann, Vorteile – und erntet oft auch noch Bewunderung.

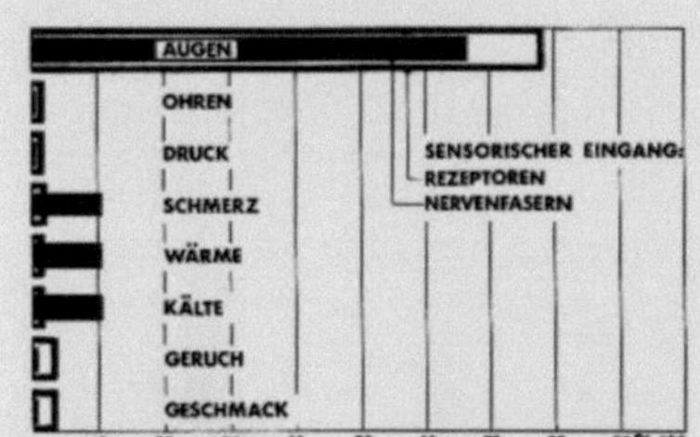

Bild: Die Kanal-Eingangskapazitäten unseres Körpers – als Beleg für die Bedeutsamkeit all dessen, was das Auge an Informationen = Futter erhält.

Inhalt

- Die Grundlagen: Übungen mit Stift und Papier in Perspektive (die wir nicht konstruieren). Der theoretische Sachverhalt wird unmittelbar im Zusammenhang erklärt. Materialkunde.
- Kubische und zylindrische Körper. Licht und Schatten.
- Kombinierte, allgemeine technische Körper und Umfelder.
- Oberflächen, Materialien, techn. Funktionen, Montagen.
- Das Modellieren, der Entwurfs- und Gestaltungsprozess.
- Resumee und Aufarbeitung. Aufzeigen individueller weiterer Entwicklung.
- Optional: Präsentation, die Arbeit am Flip-Chart oder Whiteboard u.a.

Voraussetzungen und Dauer

Geschick im handwerklichen Umgang mit Stift und Papier. Ein Seminar dauert üblicherweise 2 Tage, von 9.00 bis 17.00 Uhr am ersten und von 8.00 bis 16.00 Uhr am zweiten Tag. Das Seminar kann aber auch angepasst werden.

Zielgruppe

Zeichner, Techniker, Ingenieure, Designer, Marketingleute und andere Berufe, die in Forschung, Entwicklung, Konstruktion und Produktion mit neuen Aufgaben und Problemlösungen betraut sind. Das Zeichnen und Skizzieren eignen sich aber auch für jeden, der in seinem beruflichen oder privaten Alltag mehr und direkter Kommunikation betreiben und mehr Effizienz hineinbringen möchte - oder für Personen, denen Zeichnen, Skizzieren und Gestalten ein Bedürfnis ist.

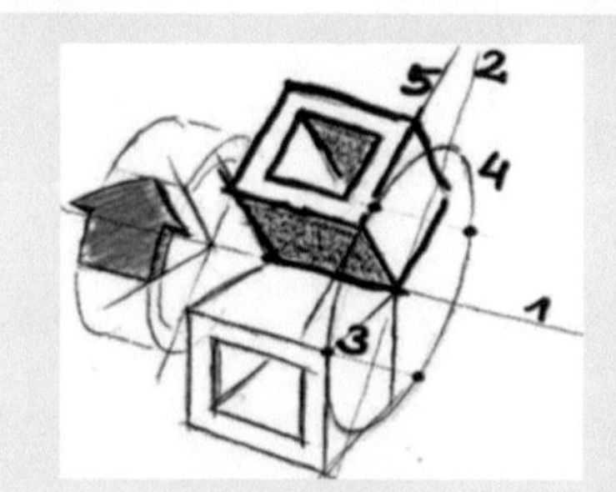

Zum Dozenten

Über 20 Jahre Praxis und Erfahrung in Forschung, Entwicklung und Konstruktion in Maschinenbau, Fahrzeugbau, Haushaltsgeräte und Feinwerktechnik. Danach TH Nürnberg mit den Fachgebieten Werkstofftechnik, Konstruktion, Industrial Design, Kreatives Arbeiten, Darstellungstechniken. Viele Jahre Lehrbeauftragter an der Uni Braunschweig, der TH Aachen und der Uni Erlangen. Mitarbeiter in den VDI-Ausschüssen Methodik in Entwicklung und Konstruktion.

2 SKIZZIEREN
SEMINARE F, UPDATE, SUPERVISION

Disposition eines Seminars

SKIZZIEREN UND FREIHANDZEICHNEN TECHNISCHER PRODUKTE

in Technik, Architektur, Design und Kunst ohne Hilfsmittel (CAD), aber perspektivisch richtig.

ANSCHLUSS-SEMINARE F, UPDATE ODER SUPERVISION

Ein Bild sagt mehr als tausend Worte.
Leonardo da Vinci, um 1500.

Vorbemerkungen

Im Seminar SKIZZIEREN UND FREIHANDZEICHNEN TECHNISCHER PRODUKTE wurden die Grundlagen für das Skizzieren allgemeiner technischer Gegenstände vermittelt. Sie gründen auf den Inhalten des Technischen Zeichnens nach DIN, mit denen fast alles konstruiert wurde -- und die mit den beiden Elementen gerade Linie und Radius auskommen. Daraus abgeleitet sind das der Kubus, der stehende und der liegende Zylinder. Hinzu kamen Abwandlungen, Kombinationen und Modellieren.

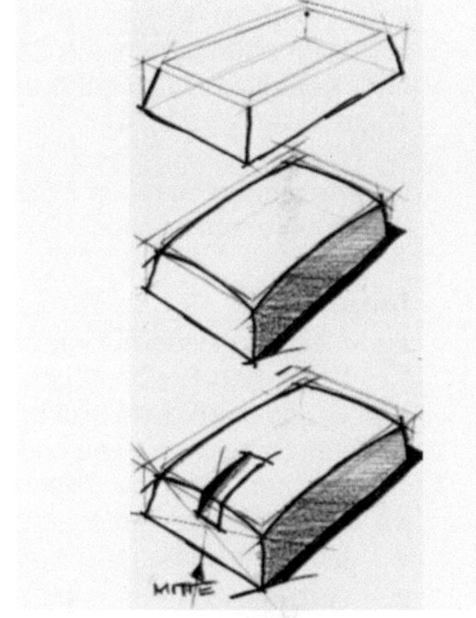

Die Gruppe der technischen Gegenstände, die darüber hinaus gehen, die über Freiformflächen definiert sind, sowohl bombierter Art als auch solchen, bei denen es keine Anlehnung an geometrische Grundform gibt, wurde im oben genannten Seminar angesprochen, ihre Darstellung aber nicht vermittelt. Dazu gehören KFZ, Porzellan-Geschirr, Sportartikel und anderes.

Inhalte

- Knappe Wiederholung und Auffrischung der bereits vermittelten Inhalte, bei Bedarf Ergänzungen und Korrekturen.
- Grundlagen des Skizzierens von Bombierungen und Freiformflächen mit ausreichend Zeit und Gelegenheit zur intensiven Erarbeitung spezieller Wünsche.
- Licht und Schatten. Erweiterte Materialkunde (Marker).
- Resumee und Aufarbeitung. Aufzeigen individueller weiterer Entwicklung.
- Optional: Präsentation, die Arbeit am Flip-Chart oder Whiteboard u.a.

Mit der gekonnten und relativ naturalistisch skizzierten Darstellung von Freiformflächen kann man ein Gegenüber, einen Vorgesetzten oder Mitarbeiter wesentlich leichter und schneller von einer Idee oder einer neuen Lösung überzeugen, als mit Worten, einer mühsam erstellten CAD-Zeichnung oder mit einem anderen Medium. In einer Besprechung, einem Meeting oder einer Konferenz, beschleunigt eine Skizze (am Flipchart, Whiteboard) den Ablauf ganz erheblich und klärt verbale Ausführungen sofort. Man hat, wenn man skizzieren kann, Vorteile – und erntet gelegentlich auch Bewunderung.

Voraussetzungen und Dauer

Teilnahme am Grundlagen-Seminar SKIZZIEREN UNF FREIHANDZEICHNEN.
Geschick im handwerklichen Umgang, insbesondere mit Stift und Papier.
Das Seminar dauert üblicherweise 1 Tag, von 9.00 bis 17.00 Uhr. Es kann aber auch anderen Wünschen angepasst werden.

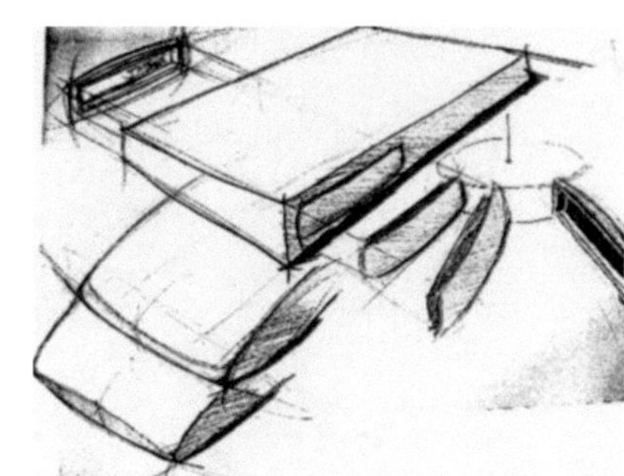

Zielgruppe

Wie Grundlagen-Seminar.

Zum Dozenten

Wie Grundlagen-Seminar.

3 SKIZZIEREN F-SEMINAR RENDERING

Disposition eines Seminars

SKIZZIEREN UND FREIHANDZEICHNEN TECHNISCHER PRODUKTE

in Technik, Architektur, Design und Kunst ohne Hilfsmittel (CAD), aber perspektivisch richtig.

ANSCHLUSS-SEMINAR RENDERING

> Ein Bild sagt mehr als tausend Worte.
> Leonardo da Vinci, um 1500.

Vorbemerkungen

Im Seminar SKIZZIEREN UND FREIHANDZEICHNEN TECHNISCHER PRODUKTE wurden die Grundlagen für das Skizzieren allgemeiner technischer Gegenstände vermittelt. Sie gründen auf den Inhalten des Technischen Zeichnens nach DIN, mit denen fast alles konstruiert wurde -- und die mit den Elementen gerade Linie und Radius auskommen. Daraus abgeleitet sind das der Kubus, der stehende und der liegende Zylinder.

Die Gruppe der technischen Gegenstände, die über Freiformflächen definiert sind, bei denen es keine Anlehnung an irgend eine geometrische Grundform gibt, wurde im oben genannten Seminar zwar angesprochen, ihre Darstellung aber nicht vermittelt. Dazu gehören KFZ, Sportartikel und dergleichen. Sie darzustellen wird im Seminar F vermittelt.

Das Anschluss-Seminar Rendering führt von der schwarz-weißen Skizze, auch der von Freiformflächen, hin zur Farbe und zur fotorealistischen Darstellung.

Inhalte

- Knappe Wiederholung und Auffrischung der bereits vermittelten Inhalte, bei Bedarf Ergänzungen und Korrekturen.
- Grundlagen des Skizzierens von Bombierungen und Freiformflächen mit ausreichend Zeit und Gelegenheit zur intensiven Erarbeitung, auch von eigenen oder speziellen Wünschen.
- Das Rendering: der Umgang mit Farbe und fotorealistischen Effekten.
- Licht und Schatten. Erweiterte Materialkunde (Marker).
- Resumé und Aufarbeitung. Aufzeigen individueller weiterer Entwicklung.
- Optional: Präsentation, die Arbeit am Flip-Chart oder Whiteboard u.a.

Mit der gekonnten und relativ naturalistisch skizzierten Darstellung einer Idee oder noch nicht vorhandenem Produkt, kann man ein Gegenüber, einen Vorgesetzten, Mitarbeiter oder Kunden wesentlich leichter von einer neuen Lösung überzeugen, als mit Worten, einer mühsam erstellten CAD-Zeichnung oder mit einem anderen Medium. Noch überzeugender ist die fotorealistische Darstellung eines Renderings. Sie eignet sich hervorragend für Präsentationen in einem Stadium, in dem es weder Modelle noch Konstruktionszeichnungen gibt. Und man hat, wenn man skizzieren und rendern kann, Vorteile – und erntet gelegentlich auch Bewunderung.

Voraussetzungen und Dauer

Teilnahme am Grundlagen-Seminar SKIZZIEREN UNF FREIHANDZEICHNEN. Geschick im handwerklichen Umgang, insbesondere mit Stift und Papier. Das Seminar dauert üblicherweise 2 Tage, von 9.00 bis 17.00 Uhr am ersten und von 8.00 bis 16.00 Uhr am zweiten Tag. Es kann selbstverständlich individuellen Wünschen entsprechend variiert und angepasst werden.

Zielgruppe

Wie Grundlagen-Seminar.

Zum Dozenten

Wie Grundlagen-Seminar.

4 SKIZZIEREN
SEMINAR KREATIVES ARBEITEN

Disposition eines Seminars

KREATIVES ARBEITEN UND VISUALISIEREN MIT SKIZZEN

in Technik, Architektur, Design, Marketing und Unternehmensleitung

> Kreativität ist die Fähigkeit, neue Lösungen, Produkte oder Ideen, hervor zu bringen, die zuvor unbekannt waren. Kreativität ist weniger eine Technik, als eine Wert-Grundhaltung und ein Merkmal der Persönlichkeit. Verstand und Emotion sind dabei gleichermaßen beteiligt.

Kreativität spielt sich im Kopf ab. Um besser und auch facettenreicher denken zu können ist es erforderlich, mehr als bisher, die Augen und das Sehen einzubeziehen. Die Augen liefern mehr als 75% aller unserer Informationen. Sie am Denken zu beteiligen geht am leichtesten, einfachsten, sichersten, informativsten und schnellsten mit Bildern, mit rasch von Hand erstellten Skizzen und Zeichnungen.

Eine Skizze zu erstellen ist für jedermann / jedefrau einfach zu erlernen. Dazu bedarf es keiner Vorkenntnis und keiner weiteren Voraussetzung. Das kann jeder. Lediglich die notwendigen Anleitungen, man muss wissen wie es geht, Motivation, man muss es wollen, und natürlich, ein bisschen Übung, sind erforderlich.

> Ein Bild sagt mehr als tausend Worte" sagte vor über 500 Jahren Leonard da Vinci. Da das heute immer noch so ist,
> **steht die Skizze im Mittelpunkt des Seminars.**

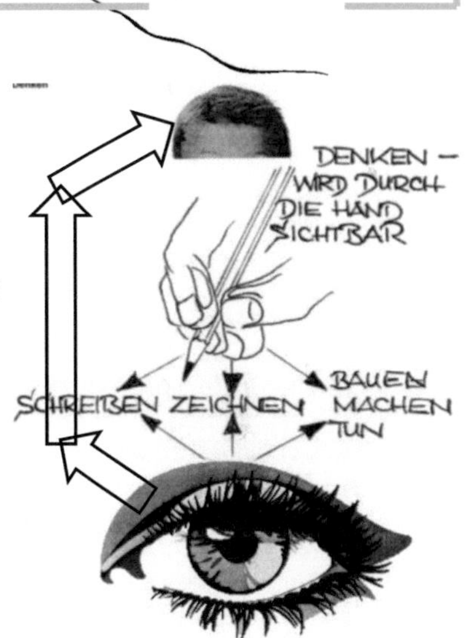

*Kreativität kann man nicht **ver**brauchen. Je häufiger man davon **Ge**brauch macht – z. B. mit einer Skizze –, umso mehr entsteht neu.*

Sie lernen in diesem Seminar

- wie Kreativität funktioniert und wie ein Genie zu seinen Einfällen kommt,
- wie Sie, individuell und ganz persönlich, kreativ arbeiten und dabei mehr Ideen generieren können,
- wie Denken funktioniert und wie Sie es für sich effektiver nutzen können,
- wie Sie eine Idee als Bild so aufs Papier bringen, dass sie sofort und ohne Worte verstanden wird, überzeugt und begeistert,
- wie Sie von Hand und ohne technische Hilfsmittel (wie CAD oder dgl.) eine einfache und perspektivisch richtige Skizze erstellen und wie Sie damit weiter entwerfen, konstruieren, modellieren, gestalten – und, als wunderbarer Nebeneffekt – auch noch kreativ sein können,
- wie Sie langatmige Meetings auf einen Bruchteil der üblichen Zeit reduzieren,
- wie einzelne Kreativitätstechniken funktionieren und was diese, ohne sie anwenden zu müssen, trotzdem für Sie bringen und schließlich
- - optional - wie Sie am Flipchart oder Whiteboard skizzieren und Ihre Kunden, Vorgesetzten und Mitarbeiter überzeugen.

Wir wissen heute, dass es für jedes Problem, ohne dessen weitere Einzelheiten zu kennen, mindestens zehn Lösungen gibt.

Einführung in das Thema

Kreativität hat sowohl etwas mit Technik zu tun, man muss wissen wie es geht, hat etwas mit Verstand, als auch mit Einsatz, Motivation und Intuition zu tun. Kreativität wird während der Schul- und Berufsausbildung eher verschüttet und gehemmt als gefördert - sie ist aber noch da und kann wieder freilegt werden.

Das Seminar soll eine stark vernachlässigte Seite des Denkens, vorwiegend des schöpferischen Denkens, fördern und das Vorurteil aufweichen, Kreativität sei eine Angelegenheit weniger Genies. Viele Leute meinen, neue Ideen zu finden hätte etwas mit Zufall zu tun, mit Glück, dem passenden Wetter, mit den richtigen Genen oder mit künstlerischer Veranlagung. Andere meinen, Kreativität sei Töpfern oder Blumen-Stecken - und deshalb eine Sache von Softies. .... Das alles ist nicht zutreffend.

Es ist vielmehr bekannt, dass Innovationen, neue Ideen und bessere Produkte, Strategien und Organisationsstrukturen genauso systematisch-methodisch entwickelt werden können, wie wir das von anderen Dingen kennen. Das betrifft nicht nur den großen Wurf, sondern auch das kleine und alltägliche Problem.
Weiter Seite 2

Seite 2

Manchmal „hängt man fest“ oder „grübelt“ über einem Problem und kommt nicht weiter. Wir erarbeiten im Seminar Möglichkeiten, dafür einen Ausweg, sozusagen die Türe zum weiteren Vorgehen, zu finden.

Kreative Leistungen stellen das Rohmaterial für Innovationen dar. Sie führen zu neuen Ideen, die ihrerseits dann in Innovationen umgesetzt werden können. Man hat festgestellt, dass für eine erfolgreiche Innovation, statistisch gesehen, bis zu sechzig Ideen erforderlich sind. Berufe in Technik, Entwicklung und Konstruktion bedürfen eines hohen Maßes an kreativer Leistung, wenn sie sich am ständig verändernden Markt behaupten wollen.

Bild: Die Kanal-Eingangskapazitäten unseres Körpers – als Beleg für die Bedeutsamkeit all dessen, was das Auge an Informationen = Futter erhält.

Das Programm und der Ablauf

Der Ablauf beinhaltet in jedem Modul sowohl die theoretischen Grundlagen, nur kurz, um die Dinge einordnen zu können, als auch die sich unmittelbar daran anschließende Umsetzung. In jedem Modul sind außerdem parallel ablaufende Aufgaben zur Veranschaulichung und Übungen im Skizzieren integriert.

Modul A: Da kreatives Arbeiten nicht Selbstzweck, sondern in einen Vorgang eingebunden ist, wird dieser kurz vorgestellt. Es ist die Methodik zum Entwickeln und Konstruieren von Lösungsprinzipien technischer Systeme und Produkte. Sie ist zwar auf die Belange der Technik ausgelegt, kann aber für jeden anderen Anwendungsfall eingesetzt werden.

Modul B: Es gibt die natürliche Kreativität, die jeder von uns mehr oder weniger hat – und die oft in der Vergangenheit „verschütt“ gegangen ist. Wir werden sie wieder aktivieren. Und es gibt die sogenannte absichtliche Kreativität, die dann zur Anwendung gelangt, wenn einem „partout“ nichts einfällt. Zu dieser Gruppe gehören die Kreativitäts–Techniken. Diese werden vorgestellt - aber nicht, um sie zu praktizieren, sondern lediglich, um die darin enthaltenen kreativen Elemente – ohne deren formalen Ballast – zu nutzen.

Modul C: Eines der wichtigsten Elemente sowohl in der Kommunikation mit meinem Gegenüber wie Chef, Mitarbeiter, Kunde, als auch für das kreative Arbeiten ist das Bild und die Skizze, ist die Visualisierung dessen, worum es gerade geht. Anleitungen und Übungen, die es jedem möglich machen, auch ohne Vorkenntnisse und ohne sogenannte „Begabung, Neigung oder Veranlagung“ schnelle und anschauliche Skizzen zu erstellen.

Sie erhalten eine Unterlage, in der der gesamte Seminarstoff und viele weitere Einzelheiten ausführlich dargestellt sind. Wenn Sie spezielle Wünsche oder Vorstellungen haben, können diese im Seminar meistens berücksichtigt werden.

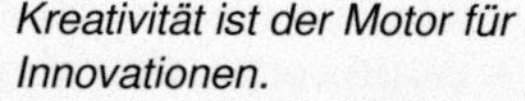

Kreativität ist der Motor für Innovationen.

Voraussetzungen und Dauer

Geschick im handwerklichen Umgang mit Stift und Papier. Interesse am Gestalten. Zeit zum Üben zwischen den Sitzungen und danach. Ein Seminar dauert üblicherweise 2 Tage, von 9.00 bis 17.00 Uhr am ersten und von 8.00 bis 16.00 Uhr am zweiten Tag. Das Seminar kann auch über einen längeren Zeitraum mit jeweils 2 bis 3 Stunden pro Tag abgehalten werden.

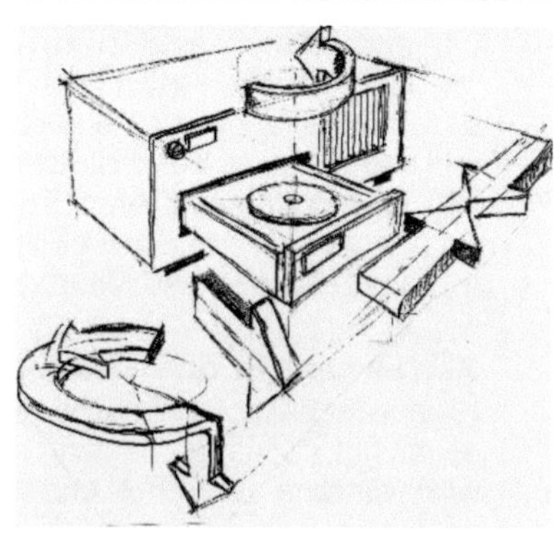

Zielgruppe

Zeichner, Techniker, Ingenieure, Designer, Marketingleute und andere Berufe, die in Forschung, Entwicklung, Konstruktion und Produktion mit neuen Aufgaben und Problemlösungen betraut sind. Das Zeichnen und Skizzieren eignen sich aber auch für jeden, der in seinem beruflichen oder privaten Alltag mehr und direkter Kommunikation betreiben und mehr Effizienz hineinbringen möchte - oder für Personen, denen Zeichnen, Skizzieren und Gestalten ein Bedürfnis ist.

Zum Dozenten

Über 20 Jahre Praxis und Erfahrung in Forschung, Entwicklung und Konstruktion in Maschinenbau, Fahrzeugbau, Haushaltsgeräte und Feinwerktechnik. Danach TH Nürnberg mit den Fachgebieten Werkstofftechnik, Konstruktion, Industrial Design, Kreatives Arbeiten, Darstellungstechniken. Viele Jahre Lehrbeauftragter an der Uni Braunschweig, der TH Aachen und der Uni Erlangen. Mitarbeiter in den VDI-Ausschüssen Methodik in Entwicklung und Konstruktion.

PROF'S SPRÜCHE -

ANHANG 4: ÜBER DEN AUTOR

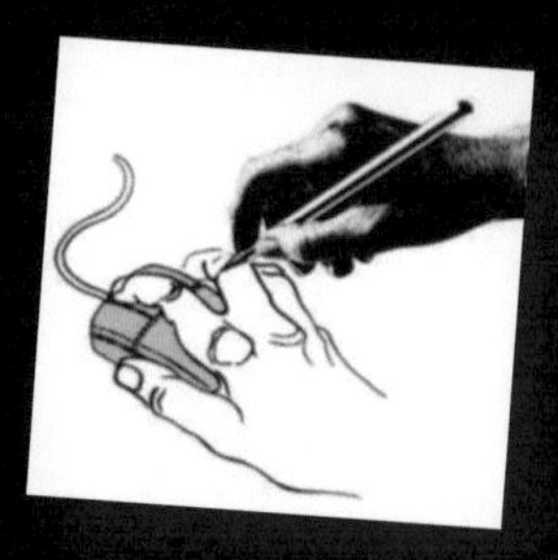

Prof. hon., Prof. Dr.-Ing. Ingo Klöcker wurde 1937 in Stuttgart geboren, studierte dort Maschinenbau und anschließend an der mittlerweile legendären Hochschule für Gestaltung Ulm Industrial Design. Es folgten zwanzig Jahre Industrie vom Konstrukteur und Entwicklungs-Ingenieur bis zum Geschäftsführer Technik. Die Schwerpunkte waren Feinwerktechnik, Haushaltstechnik und Home-Care, PKW- und LKW-Konstruktion und Industrial Design von Schwermaschinen. Es folgten über zwanzig Jahre als Professor für Konstruktionstechnik, Werkstofftechnik, Industrial Design, Kreatives Arbeiten und Darstellungstechniken an der Technischen Hochschule Nürnberg.

Sein, wie er sagt, zweites Leben ist die Kunst. Das umfangreiche Oeuvre seiner Materialbilder befindet sich in Museen, in Institutionen und bei Sammlern. Dafür erhielt er zahlreiche Auszeichnungen. Er schrieb viele Aufsätze für die Süddeutsche Zeitung, schreibt Bücher, gibt Seminare und betreibt Coaching zu den Themen kreatives Arbeiten in der Technik, Skizzieren und Freihandzeichnen.

FSC
www.fsc.org
MIX
Papier aus verantwortungsvollen Quellen
Paper from responsible sources
FSC® C105338